# 素质教育视角下的物理教学思维创新

陈 君◎著

中国出版集团 现代出版社

图书在版编目（CIP）数据

素质教育视角下的物理教学思维创新 / 陈君著. --
北京 : 现代出版社, 2021.9
ISBN 978-7-5143-9509-9

Ⅰ. ①素… Ⅱ. ①陈… Ⅲ. ①物理学－教学研究－高等学校 Ⅳ. ①04-42

中国版本图书馆 CIP 数据核字(2021)第 207355 号

素质教育视角下的物理教学思维创新

作　　者　陈　君
责任编辑　裴　郁
出版发行　现代出版社
地　　址　北京市朝阳区安外安华里504 号
邮　　编　100011
电　　话　010-64267325　64245264(传真)
网　　址　www.1980xd.com
电子邮箱　xiandai@ cnpitc.com.cn
印　　刷　北京四海锦诚印刷技术有限公司
版　　次　2022 年 8 月第 1 版 2022 年 8 月第 1 次印刷
开　　本　185 mm×260 mm　1/16
印　　张　11
字　　数　247 千字
书　　号　ISBN 978-7-5143-9509-9
定　　价　48.00 元

# 内容提要

在全面推进素质教育的今天，培养综合性的高素质人才已成为教育改革的主流方向，而对于物理教学来说，如何提高学生的物理素养，培养学生综合运用物理学知识、物理学思维来解决生活中的实际问题的能力，已成为物理教学亟待解决的问题。本书从新时代素质教育创新发展的现状和素质教育研究的理论基础等方面进行了分析研究，论述了素质教育与物理教育的关系，探索素质教育视域下物理教学思维创新的模式，意在构建良好物理教育教学创新氛围，全面提升物理教学对学生的个人素养与科学素养的培养。

# 前 言

素质教育是一种促使受教育者全面发展的教育，它进一步明确了教育的内容和要求，发展了教育思想。加强大学生素质教育，就是要在加强文化知识教育的同时不断加强和改进思想道德教育，更加注重创新精神和实践能力的培养，使大学生形成正确的世界观、人生观、价值观和审美观，教他们学会做人、学会求知、学会生存、学会合作、学会健体、学会发展、学会创造。

素质教育在全国推行了多年，取得了很大成绩。许多学校领导和教师转变了教育观念，钻研教学方法，把教育教学组织得生动活泼。从全国范围来讲，实施素质教育遇到重重阻力。阻力主要来自两方面：一是升学的压力，二是教师本身的素质。升学的压力是社会问题，是客观条件，教师的素质则是教育内部的主观因素。升学压力作为一个社会问题需通过社会的各项改革逐渐消解，而教师素质的提高则是教育部门应该做到的。方兴未艾的素质教育实践催生着全新的教育理念，素质教育书籍也将不断随之变化发展，与时俱进。

除此之外，学生正处在能力和认知发展的关键阶段，物理教学通过这个阶段的知识教育与能力培养，还有学习方法的教育，对学生今后的学习以及工作都非常关键。基于以上各方面的因素，作者结合自己多年的教学经验和科研成果撰写了《素质教育视角下的物理教学思维创新》一书。本书共6章，主要内容包括：新时代人才培养与素质教育、素质教育视域下的高校教育思维创新、物理教学与创新思维培养、素质教育视角下物理教学模式创新、素质教育视角下现代教育技术与物理教学的融合创新、素质教育视角下物理教学思维创新实现路径研究。本书结构严谨，内容丰富，兼具学术价值与实用价值，相信本书的出版，必将丰富素质教育的内容，对学生素质教育的发展以及相关学者的研究有所助益。

在本书写作过程中，参考了大量当前学术界对素质教育和物理教育的探讨，在这里向这些学者表示衷心的感谢！

由于水平有限，书中难免出现不足之处，希望各位读者不吝赐教，以便在今后加以改进！

作 者

2021 年 7 月

# 前言

# 目 录

# 第一章　新时代人才培养与素质教育

## 第一节　人才的内涵分析

对“人才”一词的界定一直是人们思考和探讨的问题，而对人才的内涵和特征的探讨，既是人才培养理论研究的逻辑起点，同时又制约着人才培养、开发、管理等一系列实践活动。

### 一、人才的定义

什么是人才，如何给人才下一个较为准确的定义，是人们不断探索的问题。在研究人才含义的过程中，不同的学科对人才下过不同的定义。其中有代表性的观点有以下几个。

#### （一）语义学对人才的定义

2002 年增补本的《现代汉语词典》对人才的定义：德才兼备的人，有某种特长的人；指美丽端庄的相貌。1999 年缩印本的《辞海》对人才的定义：有才识学问的人；指才学、才能；指人的品貌。无论是《现代汉语词典》还是《辞海》，对人才的定义都包含两层意思：一是指人的内在素质；二是指人的外在相貌。显然，语义学是从素质的角度给人才下的定义。

#### （二）教育学对人才的定义

教育学给人才下的定义：“人才，是指具有中专以上毕业文凭的人。”教育学是从文凭的角度给人才下的定义。

为了便于实现对人才的培养和管理，国家人事部和教育部等部门对人才下了这样的定义，即“具有中专以上学历或技术员以上职称者”。还有一些国家部门统计人才的方式是，将文凭和职称作为统计人才的标准。

上述对人才的定义，有的是以素质为标准，有的是将文凭和职称作为评价人才的标准，这两种对人才的定义方式都有一定的漏洞和局限，需要对其进行完善。

**1. 以素质论人才的局限性**

将素质作为评价人才的标准有一定的正确性，其抓住了人才评价的内在依据，说明人才需要具备一定的素质，但这并不是全部。被称为人才的人，其必定具有较高的素质，这是人才的必备条件。但是，仅仅具有良好的素质还不够全面。通过社会实践活动，还必须将人所具备的良好素质转化为精神或物质成果，对社会的发展产生积极的推动作用。一个人只有有了成果，才谈得上他对社会有贡献。人的素质不经过实践活动这一重要环节，就无法转化为成果，而物质成果或精神成果则是评价一个人对社会贡献的依据。没有成果，也就无法判断这个人是否是人才。

通过上述分析，要认定一个人是否是人才，关键要看两点：第一，要看他是否具有良好的素质；第二，要看他是否取得了创造性的劳动成果。语义学以素质为标准给人才下的定义，只强调了第一点，却忽视了第二点。这一忽视，就回答不了以下问题，即一个人具有良好的素质，就一定能够取得创造性劳动成果吗？事实并非如此。由于社会的复杂性，良好的素质在外化出来创造劳动成果时可能会出现以下情况：第一，具有良好素质的人，如果受到打击、压制，用人单位不给他提供进行创造性劳动的基本条件，得不到施展自己本领的机会，良好的素质就不可能外化出来转变为有价值的成果。第二，错误社会思潮的干扰。人才在错误思潮的干扰下，不去从事创造性劳动，而是从事重复性劳动，其素质外化的程度低，取得的成果价值小，也不能成为人才。第三，人才的生理素质变差。生理素质是人才的思想素质、知识素质和能力素质发挥作用的载体。生理素质的强弱，直接影响到这些素质作用的发挥。人才的生理素质变差了，其他素质发挥的程度必然会降低。第四，人才自我埋没。人才如果自我埋没，不愿发挥自己的作用，那么即使素质再高，也难以对社会做出较大的贡献。

综上所述，具有良好素质的人，他还必须有人尽其才、才尽其用的机会和进行创造性劳动的条件，才能取得创造性劳动成果，经过社会承认后而成为人才。所以，以素质为标准给人才下定义是片面的。

**2. 以文凭、学历或职称论人才的局限性**

以文凭、学历或职称作为标准认定人才的好处是对人才好界定，对人才好量化统计，但同样有片面性。

第一，以文凭、学历画线认定人才有可能滥竽充数。有的人有毕业证书和学历证书，但没有真才实学；有的还可能是弄虚作假的。如果以文凭、学历画线认定人才，就会使有文凭、学历或职称，但没有真才实学的人进入人才队伍。

第二，以文凭、学历或职称作为标准认定人才可能会造成人才的浪费。当前社会上的很多工作岗位，不根据自身的实际需要，一味追求高学历的人员。这就导致很多工作岗位所聘用的人才超出了岗位职能的实际需求，让硕士生或是博士生来做本科生就可以承担的工作，从而造成硕士、博士人才的浪费。

第三，将学历和职称作为评定人才的标准不够全面，不能涵盖所有的人才。有一些人尽管没有较高的学历和职称，但是却为社会的发展做出了巨大的贡献，拥有满身的才华，这样的人也应被称为人才。

第四，教育与成才之间应该是一种间接相关性的关系，却被转为直接相等性，混淆了二者之间的关系。通过学校的教育系统，教育才对受教育者产生了作用关系，通过这种方式来提高学生的综合素质，为其进入社会积累更多的理论知识。受教育者在储备了一定的理论知识，并拥有较高的综合素质之后，还必须要通过社会实践活动对知识进行转化，只有人们对其取得成果认可之后，他们才能被称为人才。由于教育与成才之间要经过若干环节，因此，教育与成才的关系是间接相关性而不是直接相等性。以文凭、学位或职称为标准界定人才的要害是没能抓住人才的本质属性，即人才的创造性。

从上述中我们可以看出，对人才的认定以文凭、学位或职称作为标准是不科学的，这种行为会造成两方面的后果：一方面是只拥有学历或职称，但是缺少业绩的人被认定为人才，这样可能会产生滥竽充数的情况；另一方面是工作业绩突出，但是由于没有高等学历或职称，因此不被认定为人才，这样则会埋没人才。这两种结果对人才的认定和培养都是极为不利的，对未来企业的发展也会带来消极影响。

### （三）人才学的定义

#### 1. 不同学者对人才学的定义

（1）王通讯对人才的定义及定义要点。人才学创立之时，具有代表性的人才定义是人才学创始人之一王通讯提出来的，他认为："人才就是为社会发展和人类进步进行了创造性劳动，在某一领域，某一行业，或某一工作上做出较大贡献的人。"[1]

这一定义抓住了人才的本质属性，为科学揭示人才的内涵做出了开创性的贡献，具

1 王通讯 . 人才学通论 [M]. 天津：天津人民出版社，1985 : 2.

体有以下 3 个方面。

第一，强调了人才劳动的特征是创造性劳动。

第二，强调了人才的贡献大于一般人。

第三，强调了人才通过自己在劳动岗位的活动，产生推动社会发展和人类进步的社会作用。

这一定义由于抓住了人才的本质属性，其深刻性比以往人们对人才所下的定义前进了一大步。这一定义还为以后人们更深入地揭示人才的科学内涵奠定了基础。

（2）叶忠海对人才的定义及定义要点。随着人才学研究的深入，学者们对人才定义的探索也在深入。叶忠海教授给人才是这样下定义的："人才是指在一定社会条件下，具有一定知识和技能，能以其创造性劳动，对社会或社会某方面的发展，做出某种较大贡献的人。"[1]

这个定义，在继承和保留王通讯定义精华部分的基础上，其意义概括起来讲有两点：

第一，强调人才应具备一定的素质。定义提出人才必须"具有一定知识和技能"，人才能对社会发展做出某种较大的贡献，素质是其内在依据。没有良好的素质，就无法做出较大的贡献。

第二，"在一定社会条件下"的说法具有一定的限制性，规定人才的劳动必须具有社会性。在人才的成长和劳动过程中，必定需要一定的社会条件的支持，这就表明人才具有鲜明的社会性和时代性。这一点强调，使我们认识到人才的成长和发展需要一定的社会条件，同时也表明一些社会条件会限制人才的发展。这就需要我们在认识人才的过程中，要从不同的角度看待人才。不仅要看到人才在相同的社会条件下，为社会做出的超出一般人的贡献；同时也要看到，时代的限制对人才进一步发展所造成的限制。

这两点克服了王通讯给人才所下定义的不足，把对人才内涵的探讨推进了一步。

（3）王通讯和叶忠海对人才学定义的局限性。以上两个关于人才的代表性定义，对深化认识人才的内涵和促进人才学的发展产生了重要的影响，两位学者的贡献在人才学理论界得到了高度的认同。但是，人才学的理论不断地在新的实践中发展，随着科学研究的深入，以上两个代表性定义存在的不足也暴露出来。其不足之处表现为以下 3 点。

第一，"一定社会条件下"，这一提法抽象得不够。人才的成长和劳动不仅需要社会条件，同时还需要自然条件。人是环境的产物，人才同样如此，没有自然环境和社会环境给他们提供条件和活动的空间，他们是无法成才的。人才的劳动也离不开环境，无论是进行经济活动，还是进行政治活动和文化活动，都与自然环境有密切关系。比如农

1　叶忠海．人才学基本原理［M］．北京：蓝天出版社，2005:115.

业人才种地需要肥沃的土地和风调雨顺的天气，工业人才生产产品需要原材料，这些都来自自然环境。人才的政治活动、文化活动也与自然环境有关。在高科技迅速发展的今天，自然环境同样对人才的活动产生重要影响。我国东部地区人才活动的效果一般来讲比西部地区好，其中一个重要原因，就是东部地区的自然环境比西部地区好。因此，人才的活动既需要社会条件，还需要自然条件。所以，将“一定社会条件下”改为“一定条件下”就较为准确。用词改动之后，不仅可以包含上述的全部内容，同时也可以表明人才在从事社会活动中，需要一定的外部条件作为支撑。如果缺少这些外部条件，人才也就不会实现成长和发展。

第二，主要强调的是人才做出贡献的方式是创造性劳动。这种表达方式的总体方向是正确的，但是内涵的表述却有一定的缺陷。一般情况下，我们判断人才为社会做出贡献的主要依据是其劳动成果，而不仅仅是创造性劳动。这是因为，对于创造性劳动来说，其不仅具有劳动性质，同时也是一种劳动过程。由于主客观条件的限制，有时人们在从事创造性劳动的过程中，可能不能取得成果。如果缺少成果，那么就不能对他们为社会做出的贡献进行准确的判断。在这种情况下，尽管人们是进行了创造性劳动，但是其劳动所产生的实际价值却会降低。因此，就可以将“以其创造性劳动”的描述改为“通过取得创造性劳动成果”，这样的表述方式就更为准确。这样不仅强调了创造性劳动，同时也突出了创造性劳动成果的重要性。

第三，对人才进行创造性劳动的内在依据强调不够。人才拥有良好的综合素质，其内在各方面的素质在进行开发时全部都得到了良好的状态，这也就使得人才所进行的创造性活动，会为社会带来更大的贡献。王通讯为人才所下的定义，并没有涉及对人才素质的描述，而叶忠海虽然谈了人才应该“具有一定知识和技能”，但表述不准确，没有讲德和体。人才必须是德、智、体全面发展，只有这样，他才能为社会的进步做出贡献。

**2. 本书对人才的定义**

综合上述分析，本书对人才的定义为：人才，是指那些具有良好的素质，能够在一定条件下通过不断地取得创造性劳动成果，对人类社会的发展产生了较大影响的人。这一人才定义，包括以下 4 个要点。

第一，人才应该具有良好的素质。这里讲的良好的素质有两种情况：一是指各项素质都高，即德、智、体都达到了较高的程度；二是有某种特长，即某一素质特别强，其他素质一般，如运动员。第一种情况是人才中的多数，第二种情况是人才中的少数。我们培养人才主要是培养德、智、体全面发展的人。良好的素质是判断一个人是否是人才的内在标准。

第二，对人才劳动性质判断的一个重要依据是，人才需要不断取得创造性的劳动成果。根据性质的不同，可以将劳动分为 3 种不同的种类，即模仿性劳动、重复性劳动和创造性劳动。其中模仿性劳动和重复性劳动的重要特征是具有继承性，劳动本身没有创造性，只是在前人所获得的劳动经验和技能上重复进行活动，没有突破性的提高。在人类社会的发展进程中，这两种劳动形式所起到的作用是极为有限的，同时在提高劳动者的内在素质上也微乎其微。而创造性劳动则不同，其具有创新性和开拓性，是在继承前人劳动经验和技能的基础上进行创新。人们所进行的创造性的活动，会取得突破性的成就，并且会大幅度提高劳动者自身的内在素质。人才与常人相比，一个最为突出的特点就是，人才可以通过自身的创造性劳动超越一般人。人才只有向社会提供了创造性的劳动成果，才能证明他的贡献高于一般的劳动者。如果离开了内在标准和外在依据，就不能科学地鉴定人才。所以，衡量一个人是否是人才，关键应看他是否具有良好的素质和是否取得了创造性劳动成果。

第三，人才需要通过一定的物质条件和精神条件才能进行创造性劳动，缺失了这部分外在条件，即使其身负满身才华也不能施展开来。

第四，人才所进行的创造性劳动需要对社会的进步做出贡献。人们对待创造性劳动成果有不同的态度，有的会被搁置，这样就不会对社会的发展产生积极的影响，是对资源的浪费，不利于社会的发展，这是对人才的埋没。如果所进行的创造性劳动成果对社会造成了危害，那么这种人就不是我们所讨论的人才。我们所讨论的人才是指那些能够推动社会主义现代化建设事业前进的高素质的有业绩的人。

人才还必须要取得一定的社会成果，能够推动社会的进步。从这里我们就可以看出，对人才的评定必须要具备两个关键要素：一是要具备较高的素质；二是要取得能够推动社会发展的创造性成果，二者缺一不可。

创造性劳动成果具有层次性。例如，初级人才通过创造性劳动所获得的成果属于低层次，而科学家所获得的劳动成果则被归为高层次。在这里，二者都应该被称为人才，只是二者对于社会所做出的贡献不同。从这里我们就可以看出，成为人才并不是很难的事情，只要是智力和体力都正常，通过自身的努力，为社会做出一定的贡献，就都可以成为人才。

## 二、人才的本质属性

本质属性是事物的根本性质。人才之所以和非人才有区别，就在于他有其特有的本质属性。具体来说，人才的本质属性主要表现在以下几点。

### （一）先进性

人才的先进性，是指人才应该走在时代的前列，代表先进的社会生产力和社会发展方向。人才的先进性主要表现在：一是他们具有先进的思想，走在时代的前列，是人群中的精英。二是他们的理论先进，掌握着现代科学技术知识。三是他们对社会发展的推动力最大。简言之，人才的作用是推动社会进步，至于那些有知识也有创造才能的人，如果他们实践活动的后果是危害社会，阻碍人类社会的发展，那他们就不具有进步性，就算不上我们所讲的人才。

### （二）创新性

人才的创新性，是指人才能够在继承前人优秀成果的基础上，创造出新的成果。这种成果既可能是物质成果，也可能是精神成果。人才的创新性主要表现在以下几点。一是创新精神是人才最本质的特征。作为人才来讲，他只有凭借自己的创新意识，勇于探索，不断认识真理，掌握规律，才能做出比一般人大的贡献。在科学技术快速发展的今天，创新精神是衡量人才的重要标志。二是人才应有专门的知识和较强的能力，特别是应有创造能力。这里讲的专门知识，包括书本知识和社会实践知识。三是人才能进行创造性劳动。在人类的模仿性劳动、重复性劳动和创造性劳动 3 个层次上，一般素质的人只能从事模仿性劳动和重复性劳动，难以进行创造性劳动。人才不仅能进行模仿性劳动和重复性劳动，更主要的是他能够从事创造性劳动，把人类的认识水平和实践活动的水平推向新的高度。四是人才创造的物质财富或精神财富比一般人多。由于在创新性上人才与一般人有较大的差异，这就决定了一般人是以继承性劳动为主，他们只是循规蹈矩地生活。人才则是以创造性劳动为主，因而他们能用自己创新性的劳动打破常规，能用新的理论取代旧的理论，能用新的思维方式、行为方式去取代旧的思维方式和行为方式，为人类社会的进步做出较大贡献。

### （三）时代性

人才的时代性，是指人才是一定历史时代的产物。一是人才是社会的人才，要受他所在时代的限制。任何人才都不可避免地被打上他生活的那个时代的烙印，只能在时代提供的条件下发挥自己的作用。诸葛亮是一个智力超群的人，但他的作用依然受他生活时代的限制。例如，他发明了木牛流马作为交通工具，但发明不出汽车；他发明了可以同时连发几支箭的连弩，却发明不出机关枪，这就是时代限制了他作用的发挥。无论是人才的成长，还是其作用的发挥，都要受到他所生活的那个历史时代的制约。他只能在当时社会所能够提供的条件的范围内活动，创造出那一个时代一般人做不出的成果，最大限度地实现自己的价值。二是人才必须得到社会的承认才能更好地发挥作用。人才的本领和成果的价值只有被社会认可了，他才能得到施展才华的机会，成果才会被社会使用。

### （四）时效性

人才的时效性，是指人才素质的形成和作用的发挥在不同的时间，其效果是不一样的。人在不同的年龄段，智力、体力的水平是不同的，这就使得学习知识、培养能力有最佳时间；创造成果也有最佳时间。人才的时效性告诉人们要抓住人生最佳时间学习和工作。

### （五）层次性

人才的层次性，是指人才的素质和创造的成果存在着高低差别。由于人才成长的经历、环境、教育、自身努力的程度和工作的条件不同，因此人才之间在本领、取得的成果和贡献等方面都存在着差别。这些差别，必然使得人才之间存在着等级上的层次。如果认识不到这一点，就无法科学地识别人才。在现实生活中，一些人之所以看不到自己身边的人才，就是因为在他们心目中，认为只有科学家、工程师、企业家、领导才是人才，而没有认识到那些既没有职称也没有职务但有真才实学对社会有较大贡献的人同样也是人才。事实上，专家是人才，农村的种植能手也是人才，只不过是二者的层次不同而已。区别一个人是不是人才，根本标准是看他的素质和对社会的贡献，而不是他的身份和头衔。

以上 5 个属性是人才的本质属性，它们之间的关系是：创新性是先进性、时代性的基础；先进性是创新性的方向；时代性则制约着创新性、先进性和层次性的发挥程度，而层次性则反映了人才之间的差异，时效性反映人才的变化，它影响到其他属性。所以人才的本质属性就是指创新性、先进性、时代性、层次性和时效性的有机统一。

## 第二节　素质教育的理论基础

从素质教育的提出直至目前把全面推进素质教育在全国作为一种重大战略决策来实施，除了有其历史背景和社会需要外，还有其深厚的理论基础。马克思主义关于人的本质认识及全面发展学说是素质教育的重要理论基础，研究和实施素质教育必须以此为指导。生理学、心理学、教育学的基本理论及其研究成果是素质教育丰厚的理论基础。

## 一、素质教育的相关理论

### （一）哲学基础

#### 1. 马克思主义关于人的本质的认识决定了素质教育的本质

马克思主义认为，人的本质并不是单个人所固有的抽象物，而是其一切社会关系的总和。人的本质是具体的、现实的，这种现实性不是体现在人的自然属性之中，而是需要从人的社会性、阶级性中去把握。人的本质是各种社会关系的总和，主要包括人的经济关系、政治关系、文化关系等，人只有在社会化过程中，不断接受这些关系的塑造，才能最终学会角色的履行，实现自身社会责任。社会关系是不断发展变化的，所以人的本质也是不断变化的。

马克思主义认为，复杂的社会关系对人的发展产生了实质性的影响，不仅影响人的发展的性质和内容，也对人的发展提出了新的要求。人是一定社会关系的反映，并且随着社会关系的变化而变化。社会关系的变化受制于生产力和生产关系的矛盾运动，社会关系的变化是人本质变化的基础。

#### 2. 马克思主义关于人的全面发展学说为素质教育的研究提供了科学的世界观和方法论

马克思主义强调人的个性的充分和自由发展，认为未来社会是一个更高级的、以每个人的全面和自由发展为基本原则的社会形式，而“每个人的自由发展是一切人自由发展的条件”。从马克思主义的全面发展理论看，素质教育与马克思主义关于人的全面发展学说是一致的。素质教育是全面发展理论的具体化，是把全面发展的思想落实到了个人身上，突出了个人的发展。一方面，通过素质教育促进全体学生素质的全面提高；另一方面，学生应将素质教育作为推进自我发展的重要途径。从根本上说，素质教育思想与马克思主义全面发展理论是一致的。素质教育思想要以全面发展理论为指导，这样素质教育才具有更强的科学性。

### （二）脑生理学、心理学基础

#### l. 脑生理学研究表明，素质应着眼于人脑潜能的开发和大脑左右两半球整体功能的协调

大脑有特定的构成和运作机理。人脑有左右两半球，分别有不同的功能，左脑主管逻辑思维，具有观念的、分析的、连续的功能；右脑主管形象思维，两半球还有协调活动和在一定条件下互补的功能。我们现行的教育注重左脑的开发与训练，忽视右脑功能和脑整体功能开发。素质教育强调能力的提升，观察力、思考力、创新力当然包括在内，这些能力主要受右脑主导，所以右脑的开发及左右脑的协调配合能力是素质教育所倡导的。

### 2. 现代心理学为素质教育指明了实施的途径和方法

心理学是研究心理发生发展规律的科学，心理学是一项基础性科学，是社会科学中的重要学科，这门专门研究心灵的学科，以独特的心理视角对教育起着指导作用。马克思主义认为，心理学遵循辩证唯物主义，能够科学地指导认识和实践，心理学的许多研究方法和模型都是值得素质教育吸收和借鉴的，如自我观察法、自然观察法、测验法、调查法和个案法等研究方法和心理学中“人格动力学原理”和“接受理论”等基础理论。素质教育和心理学相结合，必将提高大学生思想道德教育的效果。

现代心理科学认为，认识和情感共同支配人的实践活动，在认识及改造客观世界的过程中，人的观察力、注意力、想象力参与其中，形成对客观世界的表象认识，再经过人的思维及理性的加工，进而形成深层次的理性认识。认识的形成，会伴随人的心理情感的变化，认识和情感紧密相连，这其中动机、兴趣、好恶等因素起着主导因素，在进行实践的过程中，人的意志力、执行力等因素发挥着主要作用。在整个人心理发生变化的过程中，智力因素和非智力因素相互作用、共同完成一项活动。所以，二者缺一不可，在素质教育中，要加强这两方面因素的培养。

## （三）教育学基础

教育学是在近代逐渐成形的一门学科，教育学以教育活动为研究对象，以教育者、教育对象、教育环境、教育方法、教育评价、教育模式等为研究对象的一门学科，如何揭示教育规律是这门学科的任务。教育学涵盖内容广泛，有学前教育学、普通教育学、特殊儿童教育学等。在漫长的教育发展历史过程中，形成了诸多规律和原则，如理论联系实际原则、言传身教原则、针对性原则、因材施教原则等。教育学为素质教育提供了丰富的方法和理论借鉴。素质教育是教育的一种，受到教育学中一般规律的制约，如教育影响的系统性、协调性和一贯性；同时，素质教育可以借鉴教育学中的很多教育方法，如演示、参观、讲述、启发、讨论等。

### 1. 教育与人的身心发展关系原理表明，素质教育要适应青少年身心发展规律

学校教育是要适应青少年身心发展的顺序性、阶段性、差异性规律，循序渐进、因材施教，坚持主体性原则，依学生个性特征，有针对性地开展教育教学，注重培养学生潜能的开发和特长的培养。

### 2. 课程改革的发展反映出素质教育的必然要求

任何一种课程的设计都要有一定的科学依据，即根据何种原理设计。实施素质教育，要求课程设计要遵循目标、符合规律。课程的特点要与学生的特点相适应。应对课程和

教材内容进行筛选，补充、凝练、整合，减少课程门类和内容上的交叉重复，优化课程体系。实施素质教育时对各级各类学校课程设置进行调整，可以体现现代课程设计的原理。

**3. 教学规律及原理构成了素质教育的教学理论基础**

素质教育的教学理论基础来源于教育学规律。在素质教育过程中，一定要讲究实效性及科学性。实施素质教育，要将直接知识和间接知识相统一，并且以知识的学习为基础，进行潜能的开发。素质教育强调科学文化素质和思想政治素质水平结合起来，充分利用非智力因素促进人的全面、和谐发展。素质教育应当以上述这些教学规律及原理为理论基础。

### （四）教育社会学基础

教育社会学以社会生活的各个方面同教育之间的关系为研究对象，教育社会学理论是素质教育的社会学基础。

**1. 世界各国的现代教育是我国实施素质教育的社会背景**

随着世界经济全球化和知识经济的到来，人类的生产和生活方式发生着巨大的变化，社会物质文化条件的发展促使教育呈现出新面貌，也对人的发展提出了新的更高要求。国家之间的竞争归于人才的竞争。世界各国都把发展教育提升到战略高度。然而，并非所有的教育都能兴国，那种不利于培养创新精神和创新能力的教育，是难以担当起兴国重任的。因此，无论是发达国家还是发展中国家，都在强调创新精神和创新能力的培养，以现代教育思想为指导，培养高素质的劳动者和专门人才。世界各国教育理论家和教育工作者都在探索高科技时代人的素质问题。从我国社会主义事业兴旺发达和中华民族伟大复兴的大局出发，面对21世纪激烈的竞争和挑战，我们必须将现代教育作为重点，将人才培育作为重要任务。我们党和政府正是顺应知识经济时代的客观要求，高瞻远瞩，以邓小平教育理论为指导，深化教育改革，全面推进素质教育，构建一个充满生机和活力的有中国特色社会主义的教育体系。这是党中央、国务院根据世界现代教育背景和我国国情，为加快实施科教兴国战略所做出的重大决策。

**2. 素质教育是一个网络化教育体系，它要求构建良好的素质教育环境**

素质教育是一个网络化教育体系，涵盖学校教育、家庭教育、社会教育等多个维度和层面。素质教育所要求的教育环境需要精心设计、全面构造、周到安排，主要包括校园环境、社会环境、家庭环境、社区环境、网络环境等。创设良好的教育环境，单靠学校是不行的，需要家庭、社会密切配合。学校、家庭、社会共同努力，共同创建良好的育人环境，素质教育的目标才能顺利实现。

## 二、素质提升的主要途径分析

### （一）环境优化

提高人的素质与环境密切相关，环境是培养和提高人的素质的外部条件。人类生存和发展的环境包括自然环境和社会环境。其中，社会环境是影响人的素质的主要外部条件，自然环境对人的素质的影响也不容忽视。

**1. 自然环境与人的素质**

人类是自然之子，人类的一切活动都离不开自然环境。自然环境对人的素质的影响主要表现在以下方面。

首先，自然环境影响人体健康。自然环境的优劣对人体健康具有重大影响，这是众所周知的。如严重缺碘地区与含氟量过高地区明显地对人体健康不利，生态破坏地区或污染严重地区对人体健康有很大的影响，而世界各地的长寿村无不拥有优越的自然环境。

其次，自然环境影响人的心理素质。自然环境既然影响人体健康，则必然影响人的心理素质。

自然环境对人的心理素质具有直接影响，这是目前比较公认的事实。例如，噪声会影响人的情绪、空气中含铅量过高会影响儿童的智力、地理区位环境的差异会造成人的性格的某些差异等。

适宜的自然环境是人类生存和发展的必要条件，只有当自然环境处于一种生态平衡的和谐状况时，人类的前景才是乐观的。然而，伴随着工业化的进程，人类对自然环境造成了极大的破坏并遭到了大自然的无情报复。今天，人们充分认识到了优化自然环境、保护生态平衡的重要性。

人的素质与自然环境密切相关，优化自然环境是提高人的素质的必要步骤。首先，政府决策与行为是优化自然环境的重要保证。其次，每个公民都应树立环保意识、学习环保知识，养成保护环境的良好习惯。前者着眼于宏观调控，后者着眼于微观落实，二者不可偏废。

**2. 社会环境与人的素质**

社会环境是影响人的素质高低的主要外部条件。社会环境主要包括家庭环境、学校环境、工作环境、社会文明程度及生产力的发展状况等。优化社会环境就是指优化家庭环境、学校环境、工作环境及提高社会文明程度和生产力水平。其中，生产力水平是关键性因素，它对其他社会环境因素具有决定性影响。

家庭是社会的细胞，是一个人成长的摇篮。家庭环境对于人的素质的形成与发展起很大作用。家庭环境包括父母的婚姻质量（情感状况、是否科学婚配），父母的养育态度（是否科学孕育）、父母的文化教养状况、父母的经济状况和社会地位、家庭成员之间的关系（大家庭还是核心家庭、出生顺序，权利义务关系、兄弟姐妹之间的交往关系等）。其中，父母的文化教养状况和家庭的经济状况是最重要的。

家庭环境的优劣对于青少年能否健康成长有着直接影响。优化家庭环境主要在于不断提高父母的文化素质，父母的文化素质直接影响父母对子女的养育态度。父母的养育态度是指父母对下一代是否具有高度的责任心，包括是否注重胎儿环境、科学育儿以及对子女正确的生活习惯、情绪情感的引导等。科学的养育态度还来自优生优育意识。因此，对社会来说，有必要经常开展优生优育的宣传教育活动，对个人来说，有必要自觉掌握优生优育的科学知识，自觉执行党的计划生育政策。此外，努力改善家庭经济状况，注重婚姻质量，注意协调家庭成员之间的关系，也是优化家庭环境的重要方面。

学校环境是指培养人们掌握系统的科学文化知识，形成科学的世界观、人生观、价值观，成为有理想、有道德、有知识、遵纪守法的公民的主要场所。学校环境主要包括教师、校风、学生、教育模式等内容。教师构成学校环境的主导方面，教师在学生的成长过程中具有举足轻重、不可替代的特殊作用。教师的知识水平、思维方式、人格、人生追求等对学生有着巨大的影响。校风是学校经过历史的积淀凝聚而成的校园精神，这种校园精神弥漫于学校生活的各个方面，学生沐浴其中，就能潜移默化地形成一定的思维定式与行为作风。不好的校风能使好学生变坏，良好的校风能影响较差的学生向好的方面转变。学生是受教育者，但在一定条件下可成为教育者。学生与学生之间相互影响、相互“教育”，学生与教师之间可以“教学相长”。学生的各方面素质包括学生对学习的态度，学生的为人处世方式等是构成学校环境的重要内容。教育模式构成学校教育的总体框架，并从根本上制约教师的“教”与学生的“学”。所谓“教育模式”是指在一定教育思想指导下，教育过程组织形式的简要表述，包括宏观模式、中观模式与微观模式3个层次。宏观模式是指教育事业发展模式，中观模式是指教育系统管理模式或称办学模式，微观模式是指具体的教育教学过程模式。教育模式与教育质量紧密相关，而学生素质是教育质量的具体承载。科学合理的教育模式必然促进人的健康成长，激发人的创造性思维，相反，陈旧迂腐的教育模式必然阻遏人的健康成长，扼杀人的创造性思维。我国目前正在实行由应试教育模式向素质教育模式的转变，这是我国教育史上的巨大变革。

当人们走出家庭、走出学校，一般就将走上工作岗位。工作环境对人的身体素质和心理素质均有重大影响。工作环境是指人们完成一定社会任务的周围环境，包括与任务有关的固定环境和与任务有关的非固定环境。固定环境是指工作部门及人员、组织及制度、工作性质等；非固定环境是指人们的新、旧社会联系。其中，固定环境比较稳定、不易变更，对人的素质的影响最大。工作环境对人的素质的影响主要表现在对人的心理素质和科学智能素质的影响。工作性质与工作者本人的条件是否适合、部门之间和人员之间的关系是否和谐、体制是否有活力、报酬和奖惩是否得当等因素，均对人的成就、需要、意志、情感等产生较大影响。工作环境对人的身体素质也有一定影响：一是通过心理影响到身体；二是不同的工作性质与工作条件会对人的身体产生不同的影响。另外，某些特殊工种还会引起职业病甚至心理疾病，这种情况也是不容忽视的。

社会文明程度对人的素质的影响是指社会大环境对人的素质的熏陶作用。社会文明应包括制度文明、物质文明和精神文明3个主要方面。马克思的社会有机体理论表明，社会结构是一个由社会诸因素相互作用构成的整体，社会的文明与进步是一个整体推进的过程。马克思和恩格斯在强调物质生产力对社会发展的终极根源的基础上，一再强调社会政治、文化和意识形态对社会发展的重要地位和作用。偏重于物质文明而忽视精神文明的片面文明观，越来越暴露出严重缺陷。如面对人的“物化”精神失落、生态环境破坏等后果，人们越来越认识到现代文明必须要求制度文明、物质文明和精神文明的全面推进、协调发展。对社会的进步和人的全面发展来说，应是在物质文明的基础上，物质文明、精神文明、制度文明相互制约与相互促进，形成一个合力，三者不可偏废。

生产力水平是社会环境的关键性因素，也是影响人的素质的关键性因素。生产力水平决定人的物质生活水准，决定生产关系的调整与变革，决定人的劳动能力即人的智力与体力的发展程度，因而，生产力水平成为影响人的整体素质高低的根本性因素。马克思主义认为，生产劳动是人产生的根源，是人生存的基础，是人发展的动力，是人自我表现、自我实现、自我肯定的形式。离开生产劳动就没有人类社会，更没有人的素质的提高与发展。

### （二）社会实践

素质教育就是为了实现国家教育方针规定的目标，着眼于受教育者群体和社会长远发展的要求，以面向全体学生，全面提高学生的基本素质为根本目的，以注重学习者的潜能，促进受教育者德、智、体、美、劳等全面和谐地发展为基本特征的教育。学生素质的全面发展，不仅受学校以内的教学影响，还受学校以外的教育因素影响，只有把校内教育和校外各种活动有机结合起来，才能发挥教育整体性功能。传统地把教育过程看作纯粹的认知活动，造成过于偏重知识教育，忘记了作为一个人的基本生活态度和对待事物方式的教育。教育活动中，必须重视社会实践活动对学生成长和发展的促进作用，以提高学生的整体素质，教学中必须教会学生学会做人，学会与人相处，学会生存、学会生活等。而这些不能在学校课堂内完成，必须带学生走出校园、走进社区、融入社会，才能锻炼学生这些方面的能力。社会实践是素质教育的一种重要方式和手段，是提升学生整体素养的重要途径。

**1. 社会实践是提升学生道德素养的一种重要方式和手段**

道德教育教会学生学会做人。学生道德教育要从心理的浅层面入手，最终解决思想体系和世界观的深层面的问题。思想道德教育要帮助学生树立正确的思想意识，必须遵循这一规律，从具体浅层面的、活跃生动的心理感受入手，逐步达到解决深层思想体系方面的问题。

在教育内容的整体安排上，应先易后难、逐渐推进，在教育的形式上，寓教育于活动、娱乐和其他教育教学过程。

道德教育应充分利用社会环境的影响。由于大学生不仅受到父母、同伴、亲戚及他们与之接触的其他成人的影响，亦受到媒体、文化、形势的影响。在某种程度上他们是环境和社会影响的产物，因此其道德素养必须在社会实践的活动中才能养成。

未成年人的道德教育必须因地制宜，利用好社区文化资源，积极地开展形式多样的社会实践活动，将道德教育与校外实践相结合，整合全社会的教育资源，让未成年人在社会实践活动中，才能养成良好的思想品德素养。通过积极地参与实践活动，在真实环境中体验，“环境的改变和人的活动的一致，只能被看作并合理地理解为革命的实践”[1]，促进学生良好品德的养成。例如，参观当地的名胜古迹或博物馆，了解当地的历史，进行热爱家乡教育或爱国主义精神等的教育；参观生产部门或农业实践基地，让学生体会田园生活和生产劳动中的辛苦，以培养学生节俭、朴实的人格或吃苦耐劳的精神，去珍惜美好生活；开展学雷锋活动，组织学生到校外做好事活动，注重养成教育，以提升学生道德素养。

**2. 社会实践是提高学生创新能力的重要途径**

创新能力是人具有的一种高级能力，需要后天获得，即需要培养、需要学习与养成的。培养学生的创新精神和创造能力是社会实践的目的和归宿。在社会实践活动中，学生的主体精神和创新潜能也更易于被激发出来；在社会实践活动中，有利于把学生置于解决问题的情境中，使学生获得锤炼；在社会实践活动中，学生动脑与动手相结合，手脑并用，就给了学生发展自己能力的机会，有利于培养学生的创新能力。

1　马克思恩格斯全集（第 3 卷）[C]. 北京：人民出版社，1960:4.

人的创新能力的形成与发展，离不开社会实践活动。在实践中才能获得新认识，进而形成新知识；只有通过自己的社会实践活动去改造世界，才能逐渐学会创新，逐渐形成和发展自己的创新能力。

#### 3. 社会实践有利于提高学生综合素养

实践是学生认识社会、了解社会的主要途径。只有在实践中才能够认识自我、发展自我。社会实践一直以来被视为锻炼学生的主要途径和方法。如通过参观、考察、访问、调查等社会实践活动，分析社会现象，深入了解社会，拓展学习空间，丰富学习经历与生活体验，在调查、做笔记和写调查报告的过程中，培养学生对知识的探究能力，增强学生的组织协调能力、团队合作意识、创新能力和班集体凝聚力，实现我们整体、和谐地发展，最终成为一个“全面发展的人”。

在社会实践活动中，让学生进行角色体验，使其将来能够更好地适应社会相应的角色。学生暂时充当另一个社会角色，如军人、农民、环卫工人、老师、家长等，亲身体验不同角色的酸甜苦辣，形成切实的社会体验。

总之，社会实践活动对学生知识、能力、素质的提升都有重要作用，是道德素质培育的“催化剂”，是思想道德素质教育的“好教材”，是学生能力的“培育场”，社会实践是提升学生整体素养的重要途径。

### （三）教育

#### 1. 教育促进人的素质的形成

人在出生的时候，只是一个承载各种发展可能性的生物实体，既没有语言，也没有意识，这时的小生命还只是具备一定的先天生理素质，不是真正意义上的人。正如鲁迅先生所说，即使是天才，生下来的第一声啼哭也不会是一首好诗。那么，“好诗”从何而来呢？这主要取决于个体的社会化程度。所谓社会化，是指一定社会规范在个体身心发展过程中的内化，包括个体的天赋在社会中的发展与提升等。教育的作用就在于能使一个人更好的社会化，即成为具备一定知识、素质和能力，具有一定的信念和价值观，能够与其他社会成员交往合作，能够参与社会生活的人。“狼孩”和“兽孩”之所以最终成不了真正意义上的人，就是因为他们在其生长发育的关键时期没有接受人类所特有的教育，缺少了必要的社会化环节。

人的本质不在其自然属性，而在其社会特性。正如马克思所言：“人的本质在其现实性上，它是一切社会关系的总和。”人的本质体现在社会关系体系中，要正确认识人的本质就要深刻分析其社会关系。所谓“社会关系”，不是指某一种社会关系，而是“一切社会关系”，包括物质的和精神的、政治的和经济的等各个方面。一切社会关系的内核就是人类所特有的社会实践。

人从出生伊始，就开始了社会化的过程。人的社会化过程是个不断被教化的过程。人一生所受的完整教育应包括家庭教育、学校教育、社会教育、自我教育等。甚至人在出生之前，其父母亲的婚姻观、养育观就已开始通过婚姻质量和胎儿教育影响一个人的素质和潜能。父母亲的婚姻观、养育观离不开一定教育的影响。目前，世界上学校教育仍然是教育的主导方面，但随着社会的发展，人们越来越认识到家庭教育和社会教育对人的发展的重要性。

人的社会化是一个复杂的过程，其深度和广度因时代而异、因人而异，也因个体所处的不同阶段而异，这主要是由不同性质的物质资料的生产方式、殊异的生产力水平和教育程度所决定的。其中，教育是连接个体与社会的桥梁，教育的影响作用是巨大的、不可估量的。人的社会化一定程度上也受到个体自身特质的影响。世上没有两片完全相同的树叶，也没有两个完全一样的人，这主要是因为一个人所处的环境及个人品质不同。经验和科学研究表明，人的先天遗传素质千差万别，所以后天素质的基础也各不相同。但先天遗传素质并不是影响个性形成的决定性因素，后天的教育和实践才是起决定作用的因素。对于人类来说，智力超常者（天才或愚笨）毕竟是极少数，绝大多数人都处于正常水平。即使是天才，如果缺乏后天良好的教育和在实践中的良性发展，最终必将归于平庸；相反，现实中智力平常却走向辉煌成功的人也不乏其例。

**2. 教育是提高人的素质的根本途径**

教育是一种有意识、有目的的活动，无论对于我国整体意义上的现代化建设以及人力资源强国建设，还是对于增强我国的科技实力、经济实力、国防实力、民族凝聚力等，教育都具有基础性作用。

教育的基础性作用主要是由教育的本质和功能所决定的。教育是培养人的一种社会实践活动。教育具有推动人类社会和人类个体发展的基本功能。教育的本质可谓亘古不变，但教育的目标、内容、功能等则处于不断变化之中，因为制约教育的社会基本矛盾一直处于变动之中。推动人类社会和人类个体发展只是教育的基本功能，教育的基本功能是通过教育的具体功能来实现的，教育的具体功能越强，教育的基本功能就越强。现代教育的具体功能越来越多样化，也越来越强化，所以，现代教育对人类社会和人类个体发展的推动作用与古代教育相比就不可同日而语。现代教育日益具有包括科技功能、经济功能、政治功能、军事功能、文化功能等在内的多样化的社会功能，成为促进经济发展和社会全面进步的基础性力量。

所谓“基础性”，一般针对系统而言，指处于某个系统中的基础性地位。“基础性”的含义主要包括以下几点。第一，在系统中作为支持性的条件而存在。第二，在系统中作为打基础的部分而存在。第三，在系统中作为先行性条件而存在，即在系统中作为需要超前发展或建设的要素而存在。第四，在系统中作为影响全局的战略性要素而存在。第五，在系统中作为公共性要素而存在，即在系统中作为其他要素共同需要的要素而存在。

教育是社会大系统中的一个子系统，教育在社会大系统中具有基础性地位，教育在社会大系统中的其他子系统中也具有基础性地位。在培养和提高人的素质的过程中，教育的基础性地位显而易见，上述作为“基础性”含义的几个主要方面都包含在内，即教育是培养和提高人的素质过程中打基础的部分，是培养和提高人的素质的支持性条件、先行性条件、战略性要素、公共性要素。这里所说的教育是指建立在终身教育理念之上的广义的教育。我国目前仍以学校教育为主导，但也包括家庭教育和社会教育在内。从纵向意义上说，一个人完整的教育应包括婚前教育（包括人在出生前父母的婚前教育）、胎儿教育、学前教育、基础教育、高等教育、职成教育（包括职业培训）。

教育提高人的素质主要体现在以下几个方面，下面分别进行阐述。

第一，教育提高劳动者的知识水平。继承、传播和创新科学知识，是教育最显著的功能，教育的育人本质首先是通过对知识的继承、传播和创新来实现的。知识既是素质和能力的基础或载体，也是素质和能力的重要组成部分。知识是在实践的基础上产生并经过实践检验的认识成果。这种认识成果是客观事物的固有属性或内在联系在人们头脑中的一种主观反映。从知识的构成上说，知识包括自然知识、社会知识和思维知识，从知识的类型上说，知识包括事实性知识和程序性知识。事实性知识主要用来描述“是什么”或说明“为什么”，程序性知识则主要用来回答“怎么办”或“如何做”，后者即我们通常所理解的“方法”。

知识就是力量，无论何时何地，无论知识如何“爆炸”，无论信息如何发达，知识的力量是永恒的。关键问题是，我们应该如何在知识的海洋中去辨识和汲取对社会发展和个体发展有价值的知识？这也正是体现教育的价值和责任的地方。如果没有知识的比较和选择，教育必然会失去其应有的价值。知识并非都是真理，可谓良莠不齐，由于人们的利益立场、认识水平和实践能力的局限，某些迷信或谬误也可能会以知识的形态流传开来。所以，教育必须以继承、传播和创新科学知识为己任。科学知识是人们对自然、社会和思维发展规律的正确认识，是人们征服世界和改造世界的思想武器和方法指南。知识就是力量正是基于这个意义来说的。即使是科学知识，对于不同个体、不同群体或对于不同领域，不同社会历史阶段，也应当有所选择，因为不同领域、不同社会历史阶段对科学知识的需求是有所侧重的，不同个体、不同群体及其所处的不同阶段对科学知识的需求也是有所侧重的。况且，人生有涯，而科学知识的增长和膨胀却是无限的，要解决好这对矛盾，人们就必须有选择地去学习知识。

无知者必无能，无知的劳动者必然是低素质、低效率的。毛泽东同志曾指出，没有文化的军队是愚蠢的军队。从当时所处的社会背景来看，毛泽东所说的“文化”主要是指军队的知识水平。以色列的军队之所以能常胜不败，关键在于它的军队是世界上受教育程度最高的军队，是具备较高知识水平和掌握了高新科技知识及技术的军队。现代教育虽然不能仅仅“为知识而教育”，但无论知识的角色如何转换，知识的价值是不可抹杀的。可以说，无论何时何地，提高劳动者的知识水平永远是教育的第一要务。

第二，教育提高劳动者的综合素质。知识经济的到来要求人们有更高的素质和能力，劳动者的素质、人才的数量和质量也得到了提升，并且对经济发展和社会全面进步的作用越来越重要。虽然知识教育很重要，但现代教育不能仅仅聚焦于知识教育，更重要的是，要以知识为载体培养具有健全人格的高素质公民，培养大量能为社会、为国家的生存和发展做出贡献的各级各类人才。

教育的本义就在于培养人的素质，关键是培养什么人的素质和什么样的素质。在以和平与发展为主题的当今世界，国际竞争的实质是综合国力的竞争，是国民素质和人才的竞争，所以，教育必须面向广大劳动阶层，必须以提高劳动者的综合素质为要旨，同时，还应着眼于培养一批对国家前途和命运产生重大影响的高、精、尖创新型人才。

第三，教育提高劳动者的创新能力。创新能力是人的综合素质的集中体现，是现代社会最重要的能力。近年来，我国党和国家领导人多次强调：创新是一个民族进步的灵魂，是国家兴旺发达的不竭动力。没有科技创新，就没有科技发现和发明，经济就只能永远受制于人。现在，创新的重要性已成为人们的共识，教育领域的反响尤为热烈，自第三次全国教育工作会议以来，国家的一些重要教育文件均已明确将培养学生的创新精神和实践能力作为实施素质教育的重点。

中华民族本为文明智慧之邦，在近代社会落后于西方的一个重要原因就是我国传统文化中有忽视创新精神的一面，更加强调安土重迁、固本守源。传统教育也不重视鼓励学生去创新，而是鼓励两耳不闻窗外事，一心只读圣贤书。今天，传统教育已明显不能满足现代社会发展的需要，也不能满足现代个体发展的需要。所以，必须进行教育改革和创新。

# 第三节 新时代人才的素质要求分析

在当今技术时代，人们从事任何职业都应具有下述五项基本能力和三项基本素质。

## 一、五种能力

（1）合理利用与支配各类资源的能力。时间——选择有意义的行为，合理分配时间，计划并掌握工作进展；资金——制定经费预算并随时做必要调整；设备——获取、储存与分配利用各种设备；人力——合理分配工作，评估工作表现。

（2）处理人际关系的能力。能够作为集体的一员参与工作；向别人传授新技术；诚心为顾客服务并使之满意；坚持以理服人并积极提出建议；调整利益以求妥协；能与背景不同的人共事。

（3）获取信息并利用信息的能力。获取信息和评估、分析与传播信息，使用计算机处理信息。

（4）综合与系统分析能力。理解社会体系及技术体系，辨别趋势，能对现行体系提出修改建议或设计替代的新体系。

（5）运用特种技术的能力。选出适用的技术及设备，理解并掌握操作设备的手段、程序；维护设备并处理各种问题，包括计算机设备及相关技术。

## 二、三种素质

（1）基本技能。阅读能力——会收集、理解书面文件；书写能力——正确书写书面报告：说明书；倾听能力——正确理解口语信息及暗示；口头表达能力——系统地表达想法；数学运算能力——基本数学运算以解决实际问题。

（2）思维能力。创造性思维，能有新想法；考虑各项因素以作出最佳决定；发现并解决问题；根据符号、图像进行思维分析；学习并掌握新技术；分析事物规律并运用规律解决问题。

（3）个人品质。有责任感，敬业精神；自重，有自信心；有社会责任感，集体责任感；自律，能正确评价自己，有自制力；正直、诚实，遵守社会道德行为准则。

# 第四节 人才培养的科学素质教育

科学素质指的是人们从事科学活动所具有的素养、品质和智能的总和。由于社会制度在各历史发展阶段的不同，人们对于科学素质的理解也存在很大差异，但是其所包含的基本内容却是一致的。

## 一、科学的内涵

“科学”一词起源于拉丁文“scientia”，英语被译为“science”。在日本的明治维新时期，由思想家福泽谕吉将该词引入了日本。“科学”一词被引入我国是在1894年，由康有为引入，并将其与我国传统文化中的“格物致知”相结合，代表学问和知识的意思。随着社会生产力的不断提高，科学技术水平获得了巨大发展，其对人们的生产和生活产生了重大影响。在社会不同的发展阶段，人们对科学的定义也各有不同。其中，具有代表性的、影响较大的观点主要有以下几点。

### （一）科学是指生产和创造知识的社会性活动

马克思认为，科学是生产和创造知识的社会性活动。科学活动所包含的要素多种多样，具体来说主要有科学劳动者、科学劳动资料、科学劳动对象、科学管理等。在马克思看来，科学活动首先应该被看作一项社会活动，然后才是知识产生的过程。现代社会中，人们将科学活动看作“一种大规模的、有目的的、社会化的生产知识的社会活动”。[1]

### （二）科学是由一定的理论内核和逻辑方法构建起来的知识体系

苏联时期，有学者认为“科学是由一定的理论内核和逻辑方法构建起来的知识体系”，这种观点对美国和中国都产生了重要的影响。萨顿是美国著名科学家，其在《美国百科全书》中提出，“科学为系统化的实证知识”。1958年，苏联出版的《大百科全书》认为：“科学是在社会实践基础上历史地形成的和不断发展着的关于自然、社会、思维及其规律的知识体系。”1999年，我国出版的《辞海》对“科学”一词的解释是：“科学是运用范畴、定理、定律等思维方式反映现实世界各种现象的本质和规律的知识体系，是社会意识形态之一。”这几种观点都认同了“科学是由一定的理论内核和逻辑方法构建起来的知识体系”这个论断。

1　徐涌金．大学生素质教育教程［M］．北京：中国标准出版社，2008:149.

根据科学与实践联系程度的不同，可以将科学分为理论科学、技术科学和应用科学3类。根据科学研究对象的不同，同样也可以将其分为3类，即自然科学、社会科学和思维科学等。此外，哲学与数学始终贯穿于这3个科学领域之中，起到总结的作用。

### （三）科学是一种社会力量

我们可以从两个方面来对“科学是一种社会力量”进行理解。

第一，将科学运用到生产中，有利于促进生产力的发展，同时还会对政治、经济、文化等方面产生重要的影响，对社会的进步起到重要的推动作用。

第二，在社会发展中，虽然科学起到了重要的作用，但是从本质上说，科学实际上就是一种生产力，通过社会实践将其转化为应用，就可以成为现实生产力。生产力包含有3个要素，即劳动者、劳动对象和劳动资料，通过一定程度的相互作用，科学可以渗透到这3个要素之中，实现对生产的有效管理。

### （四）科学指一种思想、方法、精神、价值和作风

我国学者钱三强认为，“科学作为一种观念形态，对人们的精神生活包括价值观念、行为准则、伦理道德、文化习惯以及理论思维都有深刻的影响，它渗透在整个精神文明建设之中”[1]。20世纪，科学得到了迅猛的发展，对社会发展起到了重要的推动作用，人们对科学愈加重视。人们对科学的研究在不断突破，且每一次科学研究的突破都会对人们的思维方式和哲学基础产生深刻的影响，不断塑造着人们的内在品格，科学精神也逐渐形成并得到推广。

综上所述，我们可以将科学定义为“科学是指人们在生产和创造知识的社会性活动中运用范畴、定理、定律等思维方式反映现实世界各种现象的本质和规律的知识体系，体现了人们认识世界、改造世界的一种思想、方法、精神、价值和作风，是一种先导性的社会力量，是社会意识形态之一”。这是因为人们在社会性的科学实践活动中，会形成科学知识的理论体系，即科学，其对人们的实践活动具有重要的指导作用。与此同时，人们在进行学习科学及应用科学的过程中，也会逐渐培养起科学的思维、方法、精神和作风。

1　徐涌金．大学生素质教育教程 [M]．北京：中国标准出版社，2008:150.

## 二、科学素质的内涵

人们从事科学活动所具有的素养、品质和智能的总和，即为科学素质。米勒是美国的一个著名学者，其针对科学素质提出了三维模型，该模型主要包括三方面的内容：第一，对科学规范和科学方法的理解；第二，对主要科学概念和科学术语的理解；第三，认识并了解科技对生活的影响。这是当前我们对科学素质进行研究的主要依据。

随着人们对科学的不断重视，以及对科学研究的不断深入，人们对科学素质的认识也在不断发生变化，其中，具有代表性的观点主要有以下几项。

国际经济与合作组织（OECD）认为："科学素质是运用科学知识，确定问题和做出具体证据的结论以便对自然界和通过人类活动对自然界的改变进行理解和做出决定的能力。"该组织还认为："科学素质还包括能够确认科学问题、使用证据、做出科学结论并就结论与他人进行交流的能力。"

美国科学促进委员会在《面向全体美国人的科学》一书的导论中提出："科学素质包括数学、技术、自然科学和社会科学等许多方面，这些方面包括：熟悉自然界，尊重自然界的统一性；懂得科学、数学和技术相互依赖的一些重要方法；了解科学的一些重大概念和原理；有科学思维的能力；认识到科学、数学技术是人类共同的事业，认识它们的长处和局限性。同时还应该运用科学知识和思维方法处理个人和社会问题。"

我国对科学素质内涵的理解是："公民具备基本科学素质一般指了解必要的科学技术知识，掌握基本的科学方法，树立科学思想，崇尚科学精神，并具有一定的应用它们处理实际问题、参与公共事务的能力。"2006 年 2 月 6 日国务院发布了《全民科学素质行动计划纲要》。

综上所述，我们可以看出，科学素质应该包括三方面的内容：第一，要具有科学的态度和情感；第二，要拥有较高的科学知识水平和结构；第三，要具有科学的思维方法。

## 三、大学生科学素质教育的内涵

当前，科技是第一生产力，大学生是祖国未来的希望，因此必须要加强大学生的科学素质教育。大学生科学素质指的是，大学生在先天遗传禀赋的基础上，通过接受后天的科学教育，以及在社会环境的影响下，通过对科学的学习和实践，从而在自身内部形成的具有稳定的基本品质结构与质量水平。大学生的科学素质包括多个方面，具体来说主要有科学思想、科学知识、科学方法、科学品德和科学精神等。对大学生进行科学素质教育，实际上就是为提高大学生的科学素质而进行的教育活动。在实践中，对大学生进行的素质教育需要从以下几方面入手。

## （一）科学知识教育

科学知识指的是在参与社会实践活动的过程中，人们对各种自然界现象及规律的认识和总结，包括科学理论知识、科学经验知识和科学发展知识等。

高校对大学生实施的科学素质教育，主要有三方面的内容。第一，为大学生传授基本的科学知识，并让其掌握。第二，鼓励大学生针对某特定的领域进行深入的研究，掌握更加深入的理论。第三，帮助大学生了解该领域知识体系及其发现现状、前景和发展历程，尤其是要让学生领悟到该领域所蕴含的精神价值，并着力培养。

## （二）科学思想教育

科学思想又被称为科学观，指的是人们对于自然和科学所持有的基本观点和看法。人们在对科学进行认识和实践的过程中，需要科学思想的引导，因此大学生的科学素质教育中，科学思想占了重要的一部分。

对大学生进行科学思想教育，需要从以下几方面入手。

### 1. 辩证唯物主义观教育

辩证唯物主义观指的是物质观和辩证观的有机统一。对大学生进行该方面的教育，不仅可以帮助其树立起物质第一性的观点，认识到世界是客观的，同时还可以培养大学生尊重事实和客观规律的思想观念。此外，通过对大学生进行辩证唯物主义观的教育，还可以促使大学生学会用联系和发展的观点来看待事物的发展。

### 2. 科学价值观教育

科学价值观指的是人们对科学价值所保持的基本观点和看法，实际上也就是说，科学价值观主要是让人们认识到科学的价值。高校对大学生进行科学价值观教育，让大学生明白科学对人类社会发展的重要意义，从而形成尊重科学、热爱科学、重视科学的良好习惯。

### 3. 科学自然观教育

科学自然观指的是人们对科学与自然间关系的认识和观点。对大学生进行科学自然观教育主要有两方面的作用：一方面，让大学生看到，物质的存在方式是多种多样的，它们共同构成了人类生存的整个自然和社会，同时还可以让大学生认识到物质的运动形式具有统一性；另一方面，帮助大学生对科学与人、科学与自然、科学与环境保护及生态平衡、科学与自然资源、人与自然的协调发展等方面的关系有一个正确的认识，能够正确运用科学成果为人类社会发展做出贡献，防止滥用科学技术从而对人类的生活环境和社会生活造成难以弥补的伤害。

## （三）科学能力教育

科学能力指的是完成科学实践活动的能力，对能否顺利完成科学实践活动与科学实践活动最终成果具有重要的影响作用。

想要提高大学生的科学能力，可以从以下几方面入手。

### 1. 训练大学生的科学基本技能

大学生的科学基本技能指的是大学生听、说、读、写、算的技能和实验操作的基本技能等，其是大学生学习科学知识以及实际应用都不可或缺的能力。

### 2. 培养大学生的认知能力

大学生的认知能力主要有记忆力、观察力、注意力、思维力和想象力等。其中，最为基础的认知能力是观察力，核心是思维能力。

### 3. 培养大学生的创造能力

创造能力指的是为了实现一定目的，从而创造出解决问题的新观念、新办法的能力。创造能力的实现必须以一个人的全部知识能力为基础，个人创造想象力和创造性思维能力在其中起着重要的作用。

### 4. 培养大学生的实践能力

实践能力指的是在参与社会实践活动的过程中，通过运用知识从而去解决问题的能力，具体来说主要包括迁移知识能力、设计制作能力、综合运用知识能力和实验能力等。

在上述所提到的各项能力中，在大学生科学能力教育中起最基础作用的是科学基本技能训练，关键是要培养大学生的认知能力，核心要培养大学生的创造能力，提升大学生科学能力教育的重点是要培养大学生的实践能力。

## （四）科学方法教育

科学方法指的是正确的思维方式和行为方式，其是在人们认识和改造客观世界的实践活动中所总结出来的，对帮助人们认识自然和改造自然具有重要的作用。科学方法的内容可以分为 3 个层次：第一个层次指的是可以适用于所有科学的科学方法，包括唯物辩证法等；第二个层次指的是自然科学中的一般方法，主要包括有分析综合法、观察法和归纳演绎法等；第三个层次指的是个别领域和学科中所采用的那些具有一定特殊性的研究方法，主要包括有化学领域中的比色法和物理学中的光谱分析法等。

培养大学生的科学能力，应该针对学生的不同情况采用不同的方法，例如，针对理科大学生，要重视培养他们的数学逻辑，不仅要对他们进行一般、特殊研究方法的培养，同时还要培养他们要用运动、变化、联系的观点去看待事物的哲学方法，以及形象、直观、联想、发散的思维等方法。但是对于文科大学生来说则不同，应该在宏观上培养他们的哲学研究方法，同时还要加强他们对于自然科学的一般研究方法和特殊研究方法。

### （五）科学精神教育

科学精神指的是在不断探索科学真理和认识科学本质的过程中所孕育起来的，对科学进步起推动作用的价值观和心理取向。科学的灵魂就是科学精神，这就明确了科学精神的重要性，其在大学生的科学素质教育中处于核心的地位。

培养大学生的科学精神，可以从以下几方面开始着手。

#### 1. 培养大学生求真务实的精神

在科学精神中，处于最核心地位的是求真务实精神，大学生只有具备了这种精神，才能在科学中取得更大的成就。

#### 2. 培养大学生规范严谨的精神

培养大学生规范严谨的精神指的是在科学认识和实践中，要在观察和实验的基础上，掌握最为全面、真实和丰富的资料，分析问题要严谨，将实证作为判断是非的唯一标准。严谨的另一个含义是谦虚，对待问题要实事求是，要正确看到自身在科学认知方面的缺陷。

#### 3. 培养大学生批判创新的精神

在科学发展的历史进程中，始终充斥着对创新的批判，出现这种情况的原因是，世界上的一切事物都处于运动变化发展过程中，其所具有的内在本质和规律的展开需要经过一定的过程，对于人类自身来说，其无论是在认识水平、认识能力和认识角度、认识方法等方面都存在很大的局限性，因此，人们对于客观事物的认识也必然会存在一定的相对性，是相对真理。在这种情况下，大学生想要在科学发展中获得一定的建树，就必须要具备科学的批判创新精神，冲破固有的限制，勇于寻找真理。

#### 4. 培养大学生坚韧不拔为科学献身的精神

马克思曾指出，在探索科学的道路上，并没有平坦的大道，只有那些勇于攀登、不畏艰辛、能沿着陡峭山路攀登的人，才有可能到达光辉的顶点。这也就让我们认识到，科学的道路必定是不平坦的，因此想要在科学的道路上取得一定的成就，就必须要具有为科学献身、坚韧不拔的精神。

### （六）科学品德教育

科学品德是一种非智力因素，其与认识过程没有直接的关系，但是却与知识和能力间的关系密切，在整个认识过程中起着重要的动力引导、定向和强化的作用。具体来说，科学品德所包含的要素主要有科学动机、科学兴趣、科学情感、科学意志和科学作风等。

#### 1. 大学生的科学动机教育

对大学生进行科学动机教育，是要帮助大学生认识到科学的目的是要探求未知，推动科学的进步，不断完善人们内在的精神世界，同时不断改造人们的外在物质世界，为人类的发展做出贡献。

#### 2. 大学生的科学兴趣培养教育

培养大学生的科学兴趣指的是要帮助大学生养成良好的科学兴趣，其主要包括三方面的内容：第一，培养学生对多项学科的认识和学习兴趣，提高学生的学识水平。第二，培养学生对某一学科的特殊兴趣，培养学生的专长。第三，培养学生对所有学科兴趣的持久性，在学习中要具有坚持不懈的精神。

#### 3. 大学生的科学情感培育教育

培养大学生的科学情感，就是要让学生热爱科学，对科学事业的发展保持热情；拥有对科研活动成功的信心，明确自身在科学的发展中所承担的历史责任；要充分认识到自然界和科学的美好。

#### 4. 大学生的科学意志锻炼教育

锻炼大学生的科学意志指的是要培养大学生形成良好的科学意志，要具有坚持不懈的精神，在一定行为目的的指引下，自觉展开行动；要具有不怕吃苦、不怕失败的精神，做到胜不骄、败不馁，保持情绪的稳定，不达目的誓不罢休。

#### 5. 大学生的科学作风教育

培养大学生的科学作风指的是要让大学生在学习过程中培养良好的科学作风，在认识科学和实践中，始终以规范、严谨的精神对待，做到虚怀若谷、实事求是，保持追求科学的本心。

## 四、大学生科学素质教育的意义

大学生科学素质教育实质上就是通过高等教育的全方位人才培养活动，使大学生完善科学知识结构、发展科学能力、掌握科学方法，树立科学思想、培养科学品德、形成科学精神，全面发展和提高大学生科学素质的素质教育活动。加强大学生科学素质教育具有十分重要的意义。

## （一）大学生科学素质教育是公民科学素质建设的必然要求

当今时代，科学技术已成为第一生产力，越来越成为经济和社会发展的推动力量，科教兴国也已成为我国基本国策，增强科技自主创新能力也已成为实现经济社会持续协调发展的突破口，而科技发展离不开教育，离不开培养具有科学素质的人。

从整体上看，我国公民的科学素质水平不高，与发达国家相比还存在较大差距。即使是在我国，城乡居民的科学素质水平差距也很大，劳动力科学素质水平普遍不高。当前，我国大多数公民对科学知识只是一知半解，对科学思想、精神还有方法方面更是知之甚少，因此这就导致一些庸俗、愚昧的观点盛行，尤其是在农村表现得更为明显。我国公民整体科学素质水平较低，这已经成为制约我国发展的一个关键性因素。

我国坚持走自主创新的道路，努力建设创新型国家，就必须要在全国范围内提高公民的科学素质水平，这是政府鼓励全民广泛参与的一项社会行动。我国在实施科教兴国战略之后，公民的科学素质水平有了很大提高，但存在的问题仍然很多，具体表现为：公民人均接受正规教育的年限与世界平均水平相比，处于较低水平；由于我国长期实行的是应试教育，因此学生的科学素质结构上存在较大缺陷；在国家统招教育范围外的社会教育和成人教育的涵盖面不高，教学水平也是参差不齐。此外，为提高公民的科学素质所建立起的公共服务体系，不能全面满足公民的需求，且在大多数的公民心中还没有建立起主动提高科学素质的思想意识。

当代大学生在我国的国民结构中属于高文化阶层，虽然我国高等教育已处于大众化阶段，但是，我国从业人员中受过高等教育的比例仍然远远低于世界平均水平，因而大学生在提高全民族科学素质中占据着无可替代的作用。

第一，大学生是提高全民族科学素质的中坚力量。

第二，大学生是提高全民族科学素质中最活跃的力量。

第三，大学生代表着全民族科学总体水平和未来，代表着整个民族的希望。

第四，大学生科学素质水平标志着未来民族科学素质的水平。

可见，大学生科学素质教育既是大学生素质教育的重要组成部分，也是公民科学素质建设的重要组成部分。因而，通过加强大学生科学素质教育来引领公民科学素质建设，对于大力推进我国公民科学素质建设具有十分重要的意义。

### （二）大学生科学素质教育是全面提高科学道德素质的客观要求

科学道德素质是科学工作者从事科学工作遵循和践行科学行为规范和准则的品质和能力，是科学工作者从事科学工作的精神动力和行为依归。科学道德素质对科学工作者提出了明确要求：科学工作者必须要对科学发展可能带来的正面或负面影响都比普通人认识得更清楚，坚决抵制明显危害公众利益的科学研究的应用，保证科学发展为人类幸福服务；科学工作者必须坚持科学的诚实性和严格遵守科学实践规则。社会主义科学道德素质的内容主要体现在：热爱科学，勇于探索，不畏艰险，锲而不舍，为追求科学真理而献身；严谨治学，实事求是；准确而无虚假地报告成果；公正而无偏私地评定成果；发扬学术民主，坚持百家争鸣，支持发明创造，鼓励别人超过自己；树立民族自尊心、自信心，虚心学习科学新成就，为祖国多做贡献等。

改革开放以来，我国广大科学工作者恪守科学道德规范，投身科技创新活动，为我国科技进步做出了巨大贡献。但也应当看到，当前社会上一些违反科学道德的不规范行为和不正之风时有出现，特别是由于我国经济、社会处于转型时期，一些科学工作者在科学研究活动中做出违反科学道德乃至违法乱纪的不端行为，严重影响了科学研究活动的健康有序开展。大学生作为科学研究队伍的重要后备力量，必须接受良好的科学道德规范教育，努力增强科学道德素质，成为社会主义科学道德规范的坚定维护者，而这离不开科学素质的教育和养成。

### （三）大学生科学素质教育是改变大学生科学素质状况的迫切要求

据中国社科院的调查，我国大学生具有基本科学素质的比例为13.5%，远高于全国公众1.98%的比例，但是大学生群体中缺乏基本科学素质的比例仍很高。原因是多方面的，如文科大学生在科学素质教育方面的缺失；理科大学生受应试教学的影响，片面地注重识记科学知识，应付考试，不注重理解应用更谈不上创新，陷入上课记笔记、考试背笔记、考后全忘记的怪圈；受社会急功近利浮躁风气的影响，再加上就业形势的严峻，有的大学生学习动力不足，得过且过，平时不努力，作业抄袭，甚至考试作弊。这些都与大学生科学素质教育的要求大相径庭。因此，加强大学生科学素质教育是改变大学生科学素质状况的迫切要求。

### （四）大学生科学素质教育是积极推进大学生素质教育的内在要求

大学生科学素质教育旨在促进大学生丰富科学知识、发展科学能力、掌握科学方法、树立科学思想、培养科学品德、形成科学精神、增强科学素质，是大学生素质教育的重要组成部分。

大学生作为科学研究队伍的预备队，必须具备良好的科学素质，离开了良好的科学素质，其综合素质也就无所依托，失去根基，而且，科学素质在综合素质当中也不是孤立的，它对其他素质的养成有重要影响和作用。科学素质以其求真求实、规范严谨、求异创新、坚韧执着的品格，能渗透到综合素质诸如思想素质、道德素质、文化素质、专业素质、学习素质、信息素质、创新素质、职业素质的养成过程之中。一个具有科学素质的人，一般也会具有较好的思想素质、道德素质、专业素质、学习素质、信息素质、创新素质和职业素质。例如，科学研究强调的规范与社会生活强调的规范在本质上是相通的，具有科学素质的人，容易接受内化社会的道德规范为习惯和品质，促进道德素质的养成；又如科学素质表现出来的品格和作风，又是我们从事任何职业，养成职业素质所必需的。因此，大学生科学素质教育是积极推进大学生素质教育的内在要求。

## 五、大学生科学素质教育的探索与人才科学素质的培养

提高大学生的科学素质，是一个系统的教育功能，需要社会、学校、家庭及学生自身等各方面的努力。从总体上看，我国大学生的科学素质普遍不高，对大学生科学素质教育的研究也不够深入，因此在未来的学校教育中，必须要加强对大学生科学素质教育的深入研究和探讨，不仅要提高大学生的科学素养，同时还要提高大学生的科学实践能力。

### （一）大学生科学素质教育的精神探索

对大学生进行科学素质教育的过程中，弘扬科学精神是重点。科学精神的核心是开拓创新精神和实事求是精神。因此，对大学生的科学素质教育，不仅要对科学精神进行弘扬，同时也要向他们传播创新精神和实事求是精神的实质。

#### 1. 开拓创新精神

（1）开拓创新精神的意义。不断进行开拓和创新，是科学具有强大生命力、创造力的根本原因。从一定意义上可以说，科学的发展历史，实际上就是在认识和实践的基础上不断进行开拓创新的艰苦历程。如果没有人们对于理论的开拓创新，那么就不会有科学的发展，也不会有社会的进步。由此可见，开拓精神对于人类和科学的发展具有重要的意义，具体来说，主要表现在以下几方面。

①开拓创新精神是促成事业成功的关键素质。所有获得成功的人，身上都会具有一定程度的共性，而具有开拓创新精神则是其中重要的一项。从一定程度上说，如果一个人在其他素质上都存在缺陷，但唯独具有积极的开拓创新精神，那么其在事业上通常也

会取得一定的成就。但是，如果一个人不具有创新精神，在社会实践中总是墨守成规，那么其在未来的事业发展中也不会取得良好的成就，甚至只能是处于平庸的状态。

②开拓创新精神是提高综合素质的有效途径。对于个人来说，如果其具有良好的开拓创新精神，那么其在文化素质、心理素质等方面都会有较大的提高。例如，如果一个大学生具有良好的开拓创新精神，那么在面对问题的过程中，就会提出自己的见解和解决问题的方法，在这种情况下，他的内心就会被兴奋和充实所充斥，从而拥有积极的生活状态。如果他提出的观点能够得到他人的赏识和赞美，那么自信心就会增加，克服不良的心理情绪，有利于个人综合素质的提高。

③开拓创新精神是当今社会的迫切需要。当今社会，竞争无处不在，要想在这种激烈的竞争环境中寻求突破，拥有开拓创新精神是一种有效的手段。在面对问题的过程中，敢于创新思路，打开工作的新局面，这样才能在竞争中脱颖而出。如果一个人缺乏创新精神，总是墨守成规，那么在未来的工作中很可能会遇到更多的问题，甚至会导致事业的失败。

（2）开拓创新精神的培养。开拓创新精神的培养有以下几种方法，下面依次介绍。

①学会反向思维法。反向思维法指的是对提出的一项观点，假定它是错误的，而其反向的观点是正确的，然后再进行后续推理的方法。通过运用反向思维法，可以发现观点中存在的不足之处，以及反向观点的优点，对这两种观点取长补短，最终总结出一种优于这两种观点的新观点。

②学会换位思考法。换位思考法指的是与对方互换位置，站在对方的角度思考问题，找到其中存在的不足之处，然后有针对性地提出改善的方法，提高解决问题的能力。通过换位思考法，可以加深对对方的理解，对对方更加宽容，减少矛盾的出现，同时也可以发现自身工作的不足之处，发现工作的新思路。

③学会中观思维法。中观思维法指的是站在中间的立场去思考问题。通过该种方法，可以避免因自身所处的立场从而产生偏见，可以得出更为公允的结论，提高自身的思维能力。

④增加才识。在学到了更多、更广泛、更深入的知识之后，才能对事务产生更多不同的观点，才能在面对不同观点时激发自身的想象力和创造力。

⑤壮大胆识。要提高自身处理社交的能力，敢于表现自己，提出自己的观点，做到敢想、敢做、敢于标新立异。善于抓住表现自己的机会，表达自己对实务的看法，通过与他们观点的碰撞从而产生新的观点和看法。

2. 实事求是精神

（1）实事求是精神的意义。培养科学精神的根本是要做到实事求是。毛泽东在《改造我们的学习》中，对实事求是的内涵进行了详细的阐释："实事，就是客观存在着的一切事物。'是'就是客观事物的内部联系，即规律性。'求'就是我们去研究。"要做到实事求是，就必须要从实际对象出发，发现事物的内部联系，并探寻其发展中所具有的规律性的东西，认识事物的本质。在人类和社会的发展中，实事求是精神起着重要的作用。

①实事求是精神是认识真理、掌握真理的重要工具。所谓的真理，都是对客观事物及其规律在人们意识里的正确反映。因此，如果想要认识真理、掌握真理，就必须要从实际出发。如果认识是在脱离实际、歪曲事实的前提下所得出，那必然不会成为真理。只有在秉持实事求是精神的前提下，才能占有更多的和更为详细的资料，在对这些资料进行深入分析之后，才可能最终得出真理、掌握真理。

②实事求是精神能够帮助我们更好地改造世界。认识的最终目的并不仅仅在于认识世界，掌握真理，其真正目的在于改造世界，推动社会不断向前发展。人们在认识真理的基础上，只有具备实事求是的精神，才能一切从实际出发，根据掌握的客观规律来改造世界，从而为推动人类社会发展做出贡献。

③具备实事求是精神，才能在改造客观世界中成为强者。在改造世界的过程中，必定会遇到很多困难，但要坚信前途是光明的。人们必须要具备实事求是的精神，认识到改造世界的道路的曲折性和前途的光明性，这样才能提高其面对困难和解决困难的信心和决心，并在改造世界的过程中获得更大的收获。

（2）实事求是精神的培养。

①加强思想教育，不断提高自觉性。高校培养大学生的实事求是精神，可以通过举办讲座、培训和组织社团活动的形式进行，让他们认识到具备实事求是精神的重要性，自觉运用实事求是精神去看待和解决问题。

②倡导调查研究。调查指的是运用多种不同的方法和途径，有计划有目的地对事物的真实情况进行了解。研究指的是对调查材料进行去粗取精、去伪存真、由此及彼、由表及里的思维加工，从而能够发现事物中存在的规律，认识事物的本质。通过调查研究，可以提高人的认识能力、判断能力和学习能力，让人们以实事求是的观点看待问题，提出符合客观实际的观点。

③提倡善于借鉴，兼听则明。所有的事物都处于运动变化中，因此人们在认识客观世界的过程中，要善于借鉴他人的研究成果，听取多方面的意见和建议，这样才能够坚

持实事求是的观点，做到一切从实际出发。

④要持之以恒。坚持持之以恒是培养实事求是精神的关键。无论在做什么事情，都坚持以实事求是的观点看待问题，这样才能对事物有科学的认识，能够客观地看待世界，并对其进行科学的改造。

### （二）大学生科学素质教育的实践方法

对大学生进行科学素质教育是一项系统工程，需要长时间的坚持，并采用有效的教育方法，这样才能在大学生科学素质教育工程中取得良好的效果。

#### 1. 转变教育观念

在传统的驾驭方式中，对学生的科学教育主要以传授知识为主，忽略了对自然科学基本概念和原理的讲解，同时也没有对现实生活联系较为紧密的应用知识的介绍；以往对学生的教育教学，通常只注重对知识的讲解，但是却忽略了对学生科学精神和兴趣的培养。这些都限制了学生知识面的扩展，造成学生理论与实践相脱离，虽然在科学知识方面有一定的积累，但是却缺少对科学素质的培养。为了改变这一情况，就必须要对以往的教育观念进行改革，加强对大学生科学素质的教育与培养。需要明确的是，对大学生的科学素质教育是教育观念的一种，其强调的是要提高大学生的内在素质，认为对学生的教育不应仅是局限在传授知识当中。因此，为了培养出优秀的具有高科学素质的应用型人才，高校就必须要在教学形式、内容、方法等方面进行变革，从而满足社会的需求。

#### 2. 改革教育内容

当前的高校教育内容中，存在很多的弊端和缺陷，如重理论轻实践、重实体轻方法、重成果轻人物和重结论轻过程等。这对培养大学生的科学素质是极为不利的。因此，高校必须要对教育内容进行改革，具体来说，可以从以下几方面着手。

（1）在教育过程中，不仅要注重对科学知识的传授，同时还要注重对创立者的创立背景，生平和其中曲折的过程进行讲解。例如，在讲解微积分时，应当对莱布尼茨的生平事迹也进行一定程度的讲解，让学生对莱布尼茨的人物形象有大致的印象。

（2）不仅要对学生传授已经成熟的知识体系，同时也要让学生了解到该专业或是领域的研究动态，掌握最新的学术前沿，引导学生求异创新。或是可以在高校开设创新的选修课，提高学生的创新能力。

（3）对知识的讲解不仅要注重理论，同时还要注重将其运用到实践中的方法，在实际应用中对可能遇到的问题进行预测，并讨论解决方法。

（4）对学生知识的传授不仅涉及理论知识的本身，同时还要学生了解到知识的发展和获得方式。高校可以开设科学技术史作为选修课，让学生对科学技术的发展有一个更为清晰的了解。

3. 改革教学方式

在当前高校的教学活动中，仍然存在着很多教学弊端，这对培养大学生的科学素质教育是极为不利的。例如，很多高校中的教学活动是以教师为主导而不是以学生为主导，考试方式过于单一，考试仍是以识记型或理论封闭型问题为主等。因此，想要提高大学生的科学素质，就必须要改进传统的教学方式，可以采用以下几种教学模式。

（1）开放型教学模式。该种教学模式是以学生为主导，充分发挥学生的主体作用，做到“以学生为本”。具体来说，可以从以下几方面来着手。

①从教师与学生在教学中的地位来分析。在教学活动中，要充分发挥学生的主体地位，发挥其在教学活动中最基础的作用。尽管教师和学生都是教学活动的主体，但在实践中，学生的主体地位却具有基础性。重视学生主体地位，有利于调动起学生学习的积极性，改变以往以教师为主导的教学模式。这种教学方式的实行，就对教师提出了更高的要求，教师必须要不断进行学习，充实自我，提高自己对知识掌握的广度和深度，满足学生的需求。同时，教师也应正视自身在教学活动中的位置，做到师生平等，尊重学生，明确学生在教学活动中的基础地位。

②从教师与学生在教学过程中的作用来分析。在传统的教学观念中，认为教师是做好教学活动的关键，这种观点带有一定的偏见。从一定程度上说，教师确实在教学活动中发挥着关键性的作用，如果教师的教学水平高，那么其所教出来的学生成才的机会要更大。但是，从本质上来说，学生的成才与否，学生才是内因，教师只是外因。想要教育学生成才，关键是要看学生自身是否对学习有兴趣，是否具有努力学习的恒心。只有明确学生在教学活动中的决定性作用，才能有针对性地采取措施，提高教学质量。

③从教师与学生在教学过程中的相互关系来分析。在整个教学活动中，师生之间进行互动的目的只有一个，就是教育学生成才。现代教育研究表明，师生之间应该是平等的关系，要改变以往“教师为主，学生为辅”的教学模式。教师要改变自身“高高在上”的教学心态，尊重学生，要对学生做到平等对待。

（2）研究型教学模式。研究型教学模式主要包括3种形式，即问题研讨式、课题研究式和多元综合探索式等。

①问题研讨式。问题研讨式指的是，在实践教学中，将问题作为中心来进行学习和教学等活动，其特点是，将问题的设计和回答作为主要形式，层层推进，由浅入深、由表及里地解决教学中遇到的重点和难点。这些重点和难点，一般是由教师设问，然后学

生回答，或是通过学生互问互答的形式来尽心解决的。问题研讨式的教学形式，要求学生始终保持怀疑精神，敢于提出质疑，打破以往知识理论的限制，积极主动思考问题，主动探究问题，然后在教师的指导下解决遇到的难题，体会到学习的乐趣。该种教学模式不仅有利于发挥教师的主导作用，同时还有利于培养学生独立学习的能力、逻辑思维能力、创造能力、探究能力等，有利于全面提高大学生的科学素质水平。

②课题研究式。课题研究的主要目的是认识和解决某一问题，其包括多种类型，具体来说主要有实验研究、调查研究和文献研究等。课题研究模式是模仿科学研究的一般过程来进行的，先要选择一定的课题，然后通过调查、测量、文献资料收集等手段，对资料进行全面的收集和整理，然后再通过实证等研究方法对课程进行研究，同时还要撰写研究报告。通过该种模式的教学，有利于帮助大学生在课题研究的过程中，掌握更多的实践知识，对提高大学生的科学素质具有重要的作用。

③多元综合探索式。多元综合探索式重视科学知识的综合性和渗透性，鼓励学生在研究性学习中充分调动起自身的知识经验，敢于批判或质疑以往的理论观点和科学成果，培养学生的批判精神、发散性创造思维和独立研究能力，对提高大学生的科学素质具有重要的意义。

（3）反思型教学模式。该种教学模式要求教师和学生对以往的教学和学习行为进行反思，然后进行批判式的研究和分析，拒绝简单重复。通过对以往教学和学习活动的反思，教师和学生可以对以往的实践活动进行批判性的思考、审视和探究，在找到问题的症结处之后再有针对性地进行改进，从而提高教学质量和学习质量。反思型教学模式，要求教学主体对教学中遇到的问题要进行持续性的探究，问题的最终解决与教学主体认识的发展之间有着密切的联系。可以说，该种教学模式是将“学会教学”和“学会学习”相结合，对推动师生间的共同发展具有重要的作用。

**4. 建立一支适应科学素质教育要求的师资队伍**

在教师教学的过程中，不仅是对学生进行知识的传授，同时也是将自身的品德、作风、人格等教给学生，后者对于学生未来品格的形成具有重要的影响，甚至还会对学生未来人生的发展也产生重要的作用。因此，想要提高大学生的科学素质水平，建立一支具有高水平科学素质的教师队伍也是极为重要的。

（1）适应科学素质教育要求的师资队伍应具备的素质。

①身体心理素质。一般来说，良好的身体心理素质主要包括有强健的体魄、愉快的情绪、正确的认知、坚强的意志、执着的信念、合理的需要、完整的人格和广泛的兴趣等。具备良好的身体心理素质，无论是对教学活动的顺利进行、教师自身的发展，还是对学

生个性的全面发展都有重要的基础作用。

②知识素质。培养学生的科学素质，教师不仅要满足科学素质教育要求，同时也要具备一定的知识素质，拥有良好的本体性知识和条件性知识。其中，本体性知识指的是教师所具备的与各学科相关的知识，包括数学、英语、物理、化学等。而条件性知识则指的是与教育教学相关的理论、知识等，包括教育的基本理论、特点、规律等，或者是政治学、社会学、教学设计等。

③教学素质。所谓的教学素质指的是高校教师在对学生进行科学素质教育过程中所应具备的素质。其主要包括以下几方面的内容。

第一，教学能力。所谓的教学能力，实际上就是日常生活中人们常说的教学技能和教学技巧等。在教师能力结构中，教学能力是其中最重要的一项，即对教学信息进行加工和传导以及对教学的组织管理能力。在实践教学中，教师只有具备了良好的教学能力，才能对教学信息进行合理的加工和传导，进而被学生所接受和学习。

第二，科研能力。教师所具备的科研能力主要包括教师要对自身所具有的专业知识和教育理论进行深入的研究，及时掌握与本学科相关的科研动态，走在本学科研究的前沿，不断提高自身的教学质量。

第三，创新能力。在信息社会，创新已经成为一个民族发展的不竭动力。面对社会政治、经济环境的不断变化，新的问题不断产生的情况下，教师就必须要具备一定的创新能力，运用创新精神不断解决新问题，满足学生和社会的发展需求。

第四，实践能力。实践能力对于一个科学素质教育教师来说也是极为重要的。应当明确的是，学习的最终目的是指导实践，因此在对学生进行科学素质教育教学的过程中，教师首先就必须要具备较强的实践能力。在教学中，教师要根据学科特点和学生的实际状态，理论联系实际，让学生在生活中逐渐感悟理论知识，在实践中逐渐提高分析问题和解决问题的能力。

④科学素质。教师所应具备的科学素质主要包括有科学知识、科学精神、科学方法和科学态度等，这些都是追求真理所应具备的基本要素。

第一，科学知识。科学知识指的是自然现象和过程的本质、规律的认识，科学知识是科学素质的基础。

第二，科学精神。科学精神包括创造精神、求实精神、理性精神、批判精神和发展精神等，核心是创造精神。

第三，科学方法。科学方法指的是人们在认识世界过程中所总结出来的正确的思维方法，其为人们认识世界提供了独特的视角和思维方法。

第四，科学态度。科学态度指的是人们在探索真理的过程中，必须要始终坚持实事求是的原则。

⑤政治素质。政治素质是科学素质教育教师必须要具有的一项素质。这是因为教师在对学生进行教学的过程中，会对学生的世界观、人生观和价值观产生重要的影响。当前社会环境复杂多变，教师必须要具备良好的政治素质，保持正确的政治立场，坚持正确的政治方向，能够在政治的高度上探究和分析问题，坚定不移地维护党的路线、方针、政策。

（2）适应科学素质教育要求的师资队伍的建设。在高校中建立一支满足科学素质教育要求的教师队伍，需要做到以下几个方面。

①积极开展科学素质教育教师的培训工作。在高校中建立一支专门的科学素质教育教师队伍，并对其进行培训，建立起一项分层次、多形式的培训体系。定期组织高校科学素质教育教师进行培训，鼓励他们走出校园，在社会实践中积累更多、更丰富的教学素材。

②加大对科学素质教育工作者进修培训的资金支持。高校或是相关部门应设置专项资金，用于对科学素质教育工作者进修和培训的支持。根据教师职称等级的不同，每年为其提供一定的资助金额，用于他们参加各项学术交流活动的经费，不断提高教师的科学素养和业务水平。

③搭建科学素质教育工作队伍的发展平台。在高校教育中，大多数从事科学素质教育教师的事业心都较强，尤其是对于那些学历层次较高、业务较强的中青年教师来说，就更是如此。他们通常不仅仅满足于成为一名合格的教育者，而是想将相关学科作为依托，发展独立的专业，在学术研究方面获得一定的成就，甚至想走在某学科领域的前沿。因此，高校应对学科和学位点建设重点关注、积极扶持，努力培养优秀的学术人才，为科学素质教育的工作提供更为广阔的发展平台。

④积极引进高水平、高素质的新教师。对待科学素质教育工作者，高校要努力为其提供良好的工作条件，给予其较为优惠的待遇，吸引那些专业学术更强的高素质人才参与进来，为科学素质教师队伍补充新鲜的血液，作为教师队伍的重要补充，这样对维持稳定和优质的科学素质教育教师队伍具有重要的作用。

### （三）应用型高校人才科学素质的培养

#### 1. 加强应用型高校人才科学素养教育的迫切性及重要意义

当前，高等院校人才培养与社会需求存在着结构性矛盾。一方面，高校毕业生就业市场竞争十分激烈，就业薪水远远低于毕业生预期，部分专业的毕业学生未毕业就面临失业的尴尬局面。另一方面，与大学毕业生就业难形成鲜明对比的是就业市场上高技能人才的缺乏。目前，仅广东省高技能人才缺口就达100万人，这充分说明就业市场需要具有多方面综合素质和能力、能够面向生产技术服务，应用、建设、管理一线的高层次应用型人才。在此就业结构性矛盾压力下，近年来，高校毕业生“回炉”读大专、技校、中职的现象屡见不鲜，其中不乏“985”院校及“211”院校的学生，近期又出现了硕士研究生“回炉”现象。

深思“回炉”现象，可以发现这一现象是由多方面的原因造成的，部分大学毕业生眼高手低，知识与技术的应用能力及熟练程度不如职业院校的学生，加之基本功不扎实，科学素养的思考方式过于固化或者较为淡薄，往往出现的结果是企业宁愿选择大专或职高的毕业生而不选择本科学历的毕业生，或者毕业生自身素质无法满足行业的需要，造成就业难与企业找不到所需人才的两难情况。上述现象的出现引发了教育主管部门的深思，由此开启了普通高等教育向特色鲜明的应用型本科教育的转变。培养应用型本科人才的重点是培养学生形成良好的科学素质，良好的科学素养有利于学生的未来职业发展，有助于学生在学习及以后的工作中发挥潜能。同时，可以拓展未来发展的空间与前景。

**2. 应用型本科人才科学素养培养策略**

（1）制定合理的大学生科学素质培养方案。为了使大学生有更好的发展潜力和长远发展前景，在开展应用型本科教育的同时，必须加强科学素养的培养，不应再走普通高校的“通才”式教育和应试教育的老路，也应有别于过分强调实用性而忽略基础理论知识的高职、高专的人才培养模式。应让学生的思维更具有弹性和创新性，使学生不仅学会应用基本知识，还应该具备独立思考并解决问题的能力。因此，应用型高校人才培养目标和方案的制定者，应增强培养学生科学素养的意识，制定合理的大学生科学素养培养方案，对大学生四年的培养整体的规划和具体实施路线。

（2）以素质培养为重心改革教学内容和教学方法。以培养具有创新思想的应用型为目标，在课程设置上设立各专业功能模块，制定课程体系，改进教学内容和教材，丰富授课方式，是培养大学生科学素养的重要途径。

（3）通过学生课外自主阅读培养科研能力。在大学四年学习中，课外阅读量的累积也是培养和提高学生科研能力的一种方式和途径。鉴于大一新生在高中阶段的受教育情况，应有目的地推荐科学素养相关书籍，可开设以培养科学素养为目的的课外阅读指导类选修课程。此类课程的讲授可首先列出必读书目，如《科技传播与普及概论／科技传播与普及教程》《科学素养和科研方法简明读本》《当科研成为一种职业》《如何创建成

功的科研事业 / 现代科学与技术概论》等。然后要求学生写出心得体会，通过自主阅读科学素养的书籍及基本理论，总结科学素养的培养方法及创新思维产生的起源。同时应结合学生身边实例开展科普教育，将日常生活事件渗入科学教育。

（4）积极开展科学讲座。科学讲座贵在精而不在多，要加大力度宣传科学素养的重要性，以充分调动学生的兴趣为出发点，通过文理渗透，让理工科学生享受人文知识的洗礼，让文科学生掌握自然科学的基础知识和思维方式，以达到培养学生科学素养的目的。科学讲座应结合国际或国内的大事件开展科普宣传，以事件的新鲜性和科学内涵吸引大学生的关注，从而起到提升大学生科学素养的目的。

## 第五节 人才培养的创新素质教育

创新素质指的是在环境和教育的影响下所形成的，在人的心理素质和社会文化素质基础上所发展起来的，能够全面、稳定地在创新活动中发挥作用的身心组织要素的总称。

### 一、创新素质及创新素质教育

#### （一）创新素质的内涵及要素

**1. 创新素质的定义**

当前，在学术界对创新素质的定义还没有统一的说法。有的学者认为，创新素质指的是人在先天生理的基础上，由于后天受环境和教育的影响，并通过自身的认识和实践活动，从而逐渐养成的能够使用不同方法处理问题的品质。还有的学者认为，创新素质是在人的基本素质上所形成的，可以使用多种方法去创造新事物或是解决新问题的，一种高级的、综合的能力素质。该创新素质可以表现在认识领域和实践领域等方面。

综上所述，我们可以这样对创新素质下定义，“创新素质是个体在创新方面通过先天遗传禀赋与后天环境影响、教育作用、创新实践与学习内化的结合而形成的相对稳定的基本品质结构与质量水平”[1]。

**2. 创新素质的要素**

创新素质是由多种要素所构成的，涉及人的生理、心理、智力和思想等多个方面。

1 徐涌金．大学生素质教育教程 [M]．北京：中国标准出版社，2008:310.

具体来说，创新素质包含的要素主要有以下几个方面。

（1）创新意识。从心理学的角度来说，创新意识主要是由3部分所构成的，即创新认知、创新情感体验、创新行为倾向。其中，创新认知指的是人在观察、记忆、想象和思维等方面有创新性；创新情感体验包括创新动机、需要、意志、兴趣、热情和性格等；创新行为倾向对个人来说主要表现在善于发现问题和解决问题，并拥有探究和求新、求变的心理倾向。

创新意识是一种高级意识，追求并推崇意识，超越了一般意识的内涵，是一种以创新为荣的价值意识。培养人的创新意识，会引导人产生创新动机，树立创新目标，然后通过充分发掘自身的创新潜力，运用自己的聪明才智去达到创新目标。

（2）创新思维。创新思维指的是创新主体在进行创新的活动中，头脑中所产生的复杂的思维活动。创新思维还包括多种非逻辑思维，主要有形象思维、发散思维、直觉思维、联想思维、求异思维、逆向思维和立体思维等。创新思维具有独特性、灵活性、多向性和批判性。在整个创新活动中，创新思维处于最为核心的位置，是人类思维的最高层次。在创新思维活动中，不可或缺的一项内容就是创新思维方法，其又被称为创新技法，是联系思想与现实的重要纽带。

（3）创新人格。创新人格指的是培养和发展有利于创新或富有创造性的人格特质。在创新所包含的所有素质中，创新人格要占据更重要的地位，其重要性甚至超过了智力因素。需要注意的是，创新人格是创新素质的内在自然倾向，虽然没有对认识事物的具体操作直接进行参与，但是却对创新活动起着重要的推动和调节作用。人们想要进行创新活动，首先就要求人们要具有创新意识，此外还要善于发现和探究，敢于打破常规，改变自身所处的环境，善于将创新意识运用到实践当中。

（4）创新能力。创新能力指的是人们所具有的，可以自发性将以往的经验产物重新进行组合形成新事物的一种素质。对于创新能力来说，其不仅指的是要对知识进行深度探索，还包括对知识的创新和综合。创新能力是要掌握创新的原理、技巧、方法，具备良好的创新技能，主要包括敏锐的观察力、深刻的认知力、独特的思维力、丰富的想象力、集中的注意力、独创的实践力、高效的记忆力和信息能力等。

### （二）创新素质教育的内涵

创新素质教育是以培养创新型人才为根本价值取向的教育，是高层次的素质教育，是强化创新意识、训练创新思维、提高创新能力、塑造创新人格、增强创新素质的教育。

对创新素质教育内涵的理解，可以从以下两个方面来着手。

（1）开展创新素质教育需要对传统的教育形式进行革新。在以往中国式的教育中，对学生创新素质的开发和培养并不重视，学校的创新素质教育机制和手段也不完善。想要培养应用型人才的创新素质，就必须要顺应时代的发展，对现有的教育模式、方法和内容进行革新，满足社会对创新型人才的需求。只有具有完善的教育创新机制，才能培养出更多的具有高创新素质的应用型人才。

（2）当前我国创新素质教育的主要目标是培养具有创新能力和创新精神的高素质人才。在人们日常的工作和生活中，创新精神主要表现在想创新、敢创新，而所谓的创新能力，实际上就是指的人们会创新、能创新，这是创新素质教育中最难能可贵的品质。

## 二、大学生创新素质教育

大学校园具有创新的巨大优势，因此，大学校园就成为培养具有创新素质的应用型人才的主要阵地。面对新的任务和挑战，大学必须要充分认识到对大学生进行创新素质教育的重要价值和意义，努力纠正对大学生创新素质教育的误区，积极探索培养具有优秀创新素质大学生的教学模式，满足社会经济发展中对具有创新素质的应用型人才的需求。

### （一）大学生创新素质教育的概念

对于大学来说，其所承担的一项重要责任就是培养更多的人才，但也不仅仅于此，大学还具有很多其他的功能，这就决定了不能将大学教育与高中以前的教育相提并论。正是因为大学承担了更多的责任和义务，因此不能简单地将大学看作人们接受高级教育的阶段，在对大学生创新素质教育进行定义时，也绝不能简单地套用一般的创新教育概念。通过对大学内涵和功能的深入分析，我们可以这样为大学生创新教育进行定义，“以培养人的创新精神和创新能力为基本价值取向，通过以创新为核心的教学，科学研究和社会服务，培养创新型人才，创造科技成果和文化的教育活动”[1]。

创新素质教育具有活动性，因此在课堂教学或是课外活动中，可以开展多种形式的活动，激发学生的创造热情。活动是人的存在方式，是人的天性。人们的生活，实际上就是各种活动的集合。生活对教育的决定性影响，主要表现在活动会决定人的素质的发展。在被动参与的活动中，人们会形成服从和记忆的素质，在众多的考试过程中会形成应试的素质，但是只有在积极主动探索的活动中，人们才会逐渐养成善于发现和不断创新的素质。虽然社会上的每一个人都在不断地参与各种各样的活动，但是并不是每个人都会

1　付军龙．大学创新教育论 [M]．北京：教育科学出版社，2012:44.

在活动中有所发现和创新，这种情况出现的主要原因是，并不是每个人在参与活动的过程中都会引发自身的思考。因此，想要培养人们的创新素质，就必须要求活动具有创造性，这样才能鼓励活动的参与者开拓思维，积极进行探索和创新。

创新素质教育与探究问题息息相关，这也是学习方式的一种。所谓探究式学习，指的就是在教学过程中创设一种类似科学研究的情境或途径，让学生在教师引导下，从学习、生活及社会生活中去选择和确定研究专题，用类似科学研究的方式，主动地去探索、发现和体验，同时，学会对信息进行收集、分析和判断，去获取知识、应用知识、解决问题，从而增强思考力和创造力，培养创新精神和实践能力。应当明确的是，在大学中开展的教育教学活动，如果不能引起学生对问题的研究，那么学生就不会积极主动地参与进来，因而也就无法提高学生的思维拓展创新能力。为了提高大学生的创新素质，在大学教育方式的改革中，可以通过发问的形式来引起学生的思考，引导学生主动探寻问题的答案，全面提高大学生的学习能力和创新能力。

### （二）大学生创新素质教育的意义

#### 1. 大学生创新素质教育是经济与社会发展的必然要求

当前我们已经步入知识经济时代，知识经济的核心是科学技术，其是在知识和信息的生产、储存、分配和使用的基础上建立起来的。在这种时代背景下，经济增长的关键就是要看知识创新的水平、速度和实际应用能力。同时也决定了当前经济发展的关键任务就是要培养和开发人的创新能力，学会运用所学的知识去指导实践。从当前我国大学生的实际情况来看，创新素质不高，缺乏创新能力，这与经济社会发展的要求是不相符的。因此，在大学教育中，必须要注重提高大学生的创新素质，这不仅是社会实践的要求，同时也是时代发展的要求。

#### 2. 大学生创新素质教育有利于创新人才的培养

当前社会中存在的高级人才，无论是创新意识还是创新能力都具有很高的水平，其大多都在大学中接受先天的教育，并达到了较高的水平。对人才的培养，大学承担了重要的任务，世界上的所有国家，在大学中都培养出了大批的思想家、科学家和政治家等，他们引领了创新文化的发展。例如，德国的大学曾培养出了康德、黑格尔、费尔巴哈、马克思、叔本华、尼采、歌德等，他们成了享誉世界的思想家和科学家。在美国，大学不仅承担了向学生传授知识的任务，同时还成了创新的主体。在大学教学中，非常重视对技术人才的培养，同时也鼓励人们形成新思想，发明新创造。据调查，美国大多数在政治、经济和学术等方面取得巨大成就的人都是从大学中走出来的。据统计，在所有获得诺贝尔奖的人中，大约有 70% 的人都曾就读于美国大学。实际上，美国的大学教育并没有明确提出创新教育的理念，但是在实际教学过程中，创新思想、创新理念、创新能力和创新精神却始终贯穿其中，影响了众多的学子。

由于主客观因素的影响，在我国的大学教育中，对创新人才的培养始终存在着很多问题。缺乏创新精神、创新能力和创新人才，是我国当前面临的主要问题，同时也是制约我国发展的一个重要因素。因此，在大学推行创新素质教育的过程中，必须要找到制约我国缺乏创新精神和创新人才的症结，找到解决问题的关键，对症下药，为我国创新素质应用型人才的培养探索出一条成功之路。

**3. 大学生创新素质教育是大学生自身发展的必然要求**

在高校教育中，对大学生进行创新素质教育，是想通过教育的方式培养学生养成善于思考和发现问题的习惯，找到解决问题的新思路、新方法和新渠道，发现其中所蕴含的基本规律，为以后成为具备创新素质的应用型人才打下基础。由此可见，对大学生进行创新素质教育，是大学生自身发展的必然要求。

**4. 大学生创新素质教育有利于发挥大学在国家创新体系中的作用**

国家创新体系指的是在政府、企业、大学、研究院所、中介机构之间，以实现提高国家综合国力和国际竞争力为共同目标，为了寻求更多共同的社会和经济目标，从而建设性地相互作用，实现知识向经济的转化、科学技术向现实生产力的转化，并将创新作为变革和发展的关键动力系统。在国家创新体系中，大学占据了重要的主导地位，在总体战略中发挥着重要的作用。

（1）大学拥有丰富的创新资源条件。在大学教育体系中，设置较为齐全的通常是那些研究型学科，它们对基础研究较为擅长，并且在科研实力和人才培养方面都具有很大的优势，对人才、知识和科学具有重要的集成作用。高校拥有强大的科研能力和人才优势，拥有丰富的智力资源和知识财富。我国的大学同样也拥有强大的科研力量，据统计，在我国的研究生中，大概有 90% 以上的人都是在大学中培养出来的，这部分研究生大多又都是由教育部直属的高校走出来的。在我国，研究型大学要比非研究型大学更具有优势，表现在师生素质、教学的深度和广度及学校的声望上。研究型大学拥有的资源极为丰富，可以与国外的大学进行学术和科技上的交流与沟通，这样就可以让高校内的学生掌握最前沿的学术动态，为大学生参与国家创新打下坚实的基础。

（2）大学是知识创新系统的创新主体。通过高校教育，可以将人类对自然界研究所获得的新的原理和规律传播出去，让学生将其运用到社会实践当中，从而开发出一系列的新产品和新工艺，甚至是开辟出一个新的产业领域。在大学的知识创新系统中，参与研究的专家、教授或是相应的研究机构是构成的主体，而大学的重点学科、实验室和研究基地则是实际的执行主体。大学的知识创新系统是以国家目标为发展方向的创新系统，其主要任务是开展各类科学研究基金项目，包括自由选题的基础性探索研究和国家自然科学基金研究等。据研究，世界上大约三分之二的有关自然和科学的论文都是大学的人员所参与和发表的。

对一项科研活动衡量的重要指标是科研经费的数量。从全世界范围来看，大多数国家的大学的科研费用都要高于研究机构，而法国则是一个例外。美国的科学技术水平始终处于世界领先水平，其国内大学的科研经费几乎是研究机构的两倍。由此可见，大学是知识创新体系的主体，这是毫无疑问的。

（3）大学是技术创新系统的执行主体。大学具有充分的知识创新优势，通过对该优势的充分利用，就可以开展对高新技术的研究活动，从而促使科技向现实生产力进行转化。大学实施创新素质教育，有利于充分发挥大学在国家创新体系中的重要作用，其无论是在大学教学还是在科研等方面的创新都起到重要的引领作用。

## 三、大学生创新能力的开发

大学生创新能力的提高并不是一蹴而就的，要想全面提高大学生的创新素质教育，就必须要对大学生的创新能力进行开发，掌握创新渠道。具体来说，主要有对大学生应变能力的开发、思维能力的开发、控制协调能力的开发和自我创新能力的开发等。

### （一）应变能力的开发

在现代化大生产和科学技术进步的条件下，决策的综合性、复杂性和动态性更加明显，这些特征决定了管理者担任的管理工作基本都是创新性的活动，必须有创新能力。例如，在经营管理方法时，要不断树立新的经营意识和经营观念，引进新的生产方式，开拓新的市场，控制新的原料来源，改进新的组织与管理。

管理者要在管理实践中不断创新，积极进取，应该注意开发创新应变能力，其具体的开发方法如下。

#### 1. 培养敏锐的观察力

优秀的管理者富于理想，兴趣广泛，能深刻了解社会现象和管理现状，能敏锐地发现问题，并预见不解决这些问题会对管理和创新所带来的影响和后果，能掌握管理对象心理和要求，激励自己去思考、探索和解决问题的方法和途径。

#### 2. 形成立体思维和辩证的能力

只有善于学习，知识丰富，思想流畅，才能开发潜在意识，培养丰富的想象力，遇到问题，善于举一反三，瞻前顾后，触类旁通，出点子，想办法，提出解决问题的最佳方案。

#### 3. 学会独立思考、巧于变通

对自己充满信心，在各种议论面前，能独立思考，绝不盲从，并善于运用综合，移植，转化等创新技法，排忧解难。

#### 4. 要脚踏实地、敢作敢为

绝不优柔寡断，思前虑后。面对复杂环境，能迅速提出意见，并把它变成计划，付诸行动。还要敢于负责，工作踏实，不达目的，决不罢休。中国人常讲一句话，“计划不如变化快”。好的执行力还需好的应变力来配合，即在工作中不断修正，以保证计划得以实现。应变力的属性和水的属性相似，遇弯则弯，遇直则直。

#### 5. 随机应变，因势利导

随机应变的战略是必要的。组织内外形势和条件是变化的，要适应变化，就必须适时调整政策和战略，审时度势，随机应变。根据情况和形势的变化科学地调整己方策略的方法，具体内容如下。

（1）注意发现问题所在。创新的内涵是指反映于创新概念中对象的本质属性的总和。创新内涵包括对事物的全面认识、对旧事物进行批判、创造新事物和开拓新领域等。从其扩展意义上看，创新内涵则包括了创新意识、创新精神、创新机遇、创新工程和创新模式等。

（2）要因势利导。20 世纪 50 年代中期，当艾森豪威尔当选为美国总统时，苏联人担心新总统会冻结他们在美国的美元存款，以强迫他们办一些事。于是，他们急忙从美国银行取出这些存款。但他们又很想以美元保存这笔钱。最后，有人灵机一动，发现了一种以美元名义存在美国以外银行的存款，这就是欧洲美元。这一创举在随后的 20 年内，引发新型的跨国货币和资本市场，使得世界贸易市场迅猛发展。

### （二）思维能力的开发

#### 1. 突破思维障碍

思维是人类大脑的一种能力，同时也是一种复杂的心理现象。科学研究证明，思维是人脑对客观事物的概括的、间接的反映。从字面上来看，“思”就是思考，“维”就是方向或次序，因此我们也可以将思维看作沿着一定方向、按照一定次序的思考。思维障碍的产生不利于人们解决问题，同时也不利于创新。因此，我们想要获得创新思维，首先就必须要打破思维障碍的限制。想要做到这一点，需要做到以下几点：第一，从不同的角度对问题进行思考，然后得出不同的结论，最后选择那些最为恰当的结论。第二，根据情况的实际发展要及时变换思维方式，对思维中产生的偏执要及时进行纠正。第三，在处理问题的过程中，要避免使用直线型思维方法思考问题。第四，注重对思路的拓展，及时调整受阻的思路，在必要的情况下，可以使用反向思维的方式思考问题，有助于新思路的打开。

2. 扩展思维视角的方法

（1）把直接变为间接。

①迂回前进。退一步是为了前进。有时，为了前进，也可以转弯，兜圈子，在军事上，叫“迂回前进”。实际上在各个领域，为了克服困难，解决问题，都需要从迂回前进的角度去改变思路。

②以退为进。这在军事上是很重要的一种策略。好的军事家，都不会在条件不具备时和敌人硬拼。消灭敌人，是军事家的目的，可是，这个目的不是简单就可以达到的，尤其在敌强我弱的情况下，必须有巧妙的策略。

在解决其他问题时，“退一步海阔天空”的道理同样有效。在遇到困难时，如果暂时不能解决，就可以将其暂时搁置，等待合适的时机，这样可能问题就会更容易解决，并且耗费的精力更少。“退”并不是逃避问题，不去解决，而是一种积极的转移，是解决问题的一种转换方式。

③先做铺垫，创造条件。面对难题，如果不能在短时间内解决，那么可以暂时先设置一个新的问题，将其作为解决困难的铺垫，为解决难题创造更多的条件，这是一种解决问题的新视角，将直接变为了间接。

（2）改变万事顺着想的思路。所谓的“万事顺着想”，指的是在面对问题时，大多数人都会按照常规、常理去进行思考，或是按照事物发生的时间、空间顺序去进行思考，这是一种自然的思维模式。在解决困难时，有时可以改变这种传统的思维模式，可能会得到意想不到的效果。

①改变自己的位置。如果创新者是思考社会问题，创新者可以把自己换到其他人的位置上，特别是创新者考察对象的位置上。如果创新者研究的是科学技术问题，创新者可以更换观察的位置，从前后、左右、上下等各个方向去分析问题。改变位置，就是使原来构成事物的排列顺序变了，或者在新的位置上思考，采取变革，就可以产生新的结果。其实，这也就使创新者有更多的机会来引导事物向有利于自己的方向发展变化。

②变顺着想为倒着想。在顺着想不能很好地解决问题时，倒着想是一种创新的选择。

③从事物的对立面出发去想新的思路。在解决实际问题时遇到了困难，不是在原来的思考点上转圈子，而是敢于跳到对面去，在事物的对立面上重新找切入点，这是扩展思维视角、实现创新思维的重要途径。

（3）转换问题获得新视角

①把自己生疏的问题转换成熟悉的问题。如果遇到的问题在以往没有遇到过，可能在短时间内不能找到合适的解决方法，在这种情况下，不能逃避退缩，而是要积极面对。可以将问题进行转化，将其转换为自己熟悉的问题，发现新的视角，可能会找到解决问题的最佳方式。

②把复杂问题转化为简单问题。面对同一个问题，聪明的人可能会将其变得更为简单，而不聪明的人可能就会将其变得更为复杂。将复杂的问题简单化，实际上就是一种新的解决问题的视角。

③把不能办到的事情转化为可以办到的事情。在社会工作和生活中，会遇到很多的问题，有的较为简单，解决方式较为容易，而有的则比较困难，不容易解决。面对这些难题，如果能将其转变为可以解决的问题，那么可能就会多了一种新的观察和解决问题的视角。

一切事物都是互相联系的，而任何问题的解决也都是有条件的，解决一个小问题，就可能为解决下一个大问题创造条件。在创新者动手解决问题之前，可以先想一想是否有创造解决这个问题的条件，寻找这种条件，就是扩展视角的过程。只要有扩展视角的意识，掌握了扩展视角的方法，我们解决问题的办法就会多起来。

3. 实施创新能力开发系统工程

创新是一项艰巨的系统工程。也可以说是人的创造工程。人是创新工程的主角，只有具有创新素质的人，才能实施创新事业。一个人要进行创新，要具备以下一些条件。

（1）善于提出问题。创新力的一个重要素质就是善于提出问题。要开创工作新局面，就必须不断开阔眼界并且不断探索，善于发现问题、提出问题、创造性地解决问题。爱因斯坦有句名言：“提出一个问题往往比解决一个问题更重要。”这句话虽然主要是针对科学研究的，但对每个人的工作来说也同样适用。“合抱之木，生于毫末；九层之台，起于垒土。”

（2）打好知识基础。丰富的知识是创新的基础，每个人都要重视知识的积累。有的人提出，在现代社会，需要的是善于交际，猎取信息，而不是知识，“宁做开拓型，不做知识型”。这种看法犯了一个致命的错误：把能力和知识割裂开来，以为创新是一种信手拈来，不需要条件的东西。殊不知，人的一个基本要求就是知识素质，而素质的一个重要内容是知识修养。

（3）建立创新机制。实现创新的一个重要条件就是要建立创新机制，这通常针对的是企业的管理者。对于创新者来说，没有得到合理的激励和评价，是阻碍创新能力提高的一个关键因素。一般来说，个人创新能力的发挥与其所处的环境有很大的关系，同时与其个人主观因素也有关系。人的智慧、想象力、创新力的充分组合，也需要合理的评价机制和激励机制。在一个组织体系中，如果没有设立对创新者的鼓励机制，那么就不容易激发起人们的创新热情，不利于提高人们的创新能力。因此，在组织创新活动的过程中，要注意建立创新机制。

（4）克服心理阻力。人的创新心理品质是创新活动的前提，看一个人是否能进行创新活动，在很大程度上看这个人是否具有创新心理品质。

历史上不少有建树的人都是思维活跃、敢于标新立异的人。伟大的科学家爱因斯坦所取得的巨大成就，就在于他敢于对现成的理论质疑和突破，不迷信权威，不盲目从众，不受条条框框的束缚，他自称是“最彻底的怀疑主义者”。正是由于他对传统的绝对时空观的“同时性概念”产生怀疑，才有“狭义相对论”的成果。因此，要克服不敢变通的思维习惯，不断拓宽自己的思路。

## （三）控制协调能力的开发

### 1. 开发协调能力

协调，就是处理各种关系，解决各方面的矛盾，实现理想配合。协调关系，就是处理企业内部和企业同外部的各种关系，共同和谐发展。

（1）抓住机会来协调。企业外部环境和内部环境条件都在动态之中，经常会出现“内外”的不平衡，也经常会有“良机”出现。管理者的任务就是善于捕捉这些良机，不断开发内部关系，开垦外部环境，建立新的“内外”平衡。

（2）对企业各方面关系的协调。要协调企业的物质文明建设与精神文明建设的关系、长远目标与近期任务的关系、发展速度与效益的关系。对涉及面广的重大问题，可指定专门部门或专业人员去协调。

（3）对人力、财力、物力的协调。人力、财力、物力的来源和分配上出现问题，往往会影响纵向的贯通和横向的配合。管理者应当严格按计划办事，合理分配，积极平衡。

（4）对工作职责的协调。企业应当明确各职能部门、各管理人员的分工和职责。当出现职能不明、互相扯皮时，管理者要果断裁定，不要含糊。让每个人都了解自己的工作目标和担负的责任，协调地开展工作。

（5）促进合理竞争。在组织的各部门之间，应该形成一种良性的竞争氛围，彼此间相互合作、支持，求同存异，积极开展工作，充分调动起员工的创新热情，为实现发展目标做出贡献。

（6）倡导相互支持。组织内各部门的领导在做好自己工作的同时，不应对其他部门的地位或作用进行贬低。组织内部工作的有序进行，不能是单向的要求，而应该是双向的支持与给予。

2. 开发控制能力

控制指的是要求组织内的员工按照相应的规定开展行动，并在此过程中进行调整和完善，从而保证组织目标能够顺利实现。对于控制的理解，我们从两方面进行：第一，控制是主体向对象有目的地施加的主动影响；第二，控制的实质是使对象状态符合组织要求。

（1）控制的前提。控制的前提包括以下几个方面，下面分别介绍。

①控制必须客观。控制是以反馈信息为基础的，这里的信息主要是指管理人员对员工工作业绩的评价情况。

②控制必须以计划为依据。计划越清晰，越完整，控制就越有效。

③控制以明确的组织结构为保障。控制是通过人起作用的，若组织责任不明确，我们就不知道确定偏离计划的责任由哪个部门、由什么人承担，也就不能采取相应的调控措施。

④控制必须及时。一般来说，发现工作失误是比较容易的，将控制标准与员工的工作实绩一比较，就可以及时发现问题。

⑤控制应该经济有效。要提高组织的效益，需有两个条件做保障：一是决策正确；二是效率提高。

⑥控制应放眼于全局。组织是由各相对独立的而且彼此关联的子系统构成的。

⑦控制应该灵活机动。组织内部的环境是不断变化的，外界条件也在不断发展，组织为迎接这两方面的挑战，就有必要修订计划，完善控制标准，调整控制方式。因而控制系统应该具有足够的灵活性以适应变化着的内外条件。

（2）控制的要素。控制系统由 3 个要素组成，下面分别介绍。

①控制主体。控制主体主要是由那些实施控制行为的管理人员所组成的。其主要职能是，制定控制标准、决定控制目标、向受控者发出指令。在控制系统中，控制主体的主要职能是进行主导和支配，在控制系统中占据主动地位。

②控制客体。控制客体主要是由人、财、物、时空、信息、组织等构成的。控制客体的主要职能是，根据控制主体的命令，将一定的物质、能量和信息进行合理的配置，

创造出合乎控制主体要求的业绩。在控制系统中，控制客体处于被支配的地位，其对控制主体会产生一定的反作用。

③监控系统。监控系统主要是由专门负责监测员工操作实际的专业人员和机器、机构所组成的。其职责主要有：对客体的作业结果和作业过程进行检查和控制，然后将检测结果反馈给控制主体，并将其作为对组织运行进行调整的依据，促进组织目标的达成。控制系统中，监控系统处于辅助的地位，是监测和调整控制主体与控制客体相互作用的中间环节。

（3）控制的类型。控制分为以下几类，下面分别介绍。

①事先控制。事先控制又称前馈控制，指为事先预计可能出现的问题采取预防性控制。例如，某企业的销售量预计将下降到比原计划更低的水平，企业的主管人员就制订新的广告计划、推销计划，以改善预计的销售状况。事先控制位于运行过程的初始阶段，投入与运行过程的交接点是控制活动的关键点。

②现场控制。管理人员在工作现场指导、监督下属工作，以保证计划目标完成。现场控制就是正在运行过程中的活动的控制。

③事后控制。事后控制又称反馈控制，指根据已取得运行结果的信息，对下一步运行过程做出进一步纠正的控制。

（4）控制方法应用步骤。

①确定标准。标准是工作成果的规范，是对工作成果进行计量的关键点。

②衡量成效。即衡量、对照及测定实际工作与标准的差异。

③采取措施，纠正偏差。

（5）开发控制能力。

①加强基础工作，制定控制标准。一定要做到事先控制，在问题刚冒头时就加以控制。平时，要注意做好基础工作，对经常产生问题的环节，制定切实可行的控制标准，用绝对数、百分率等下达到有关执行部门，作为考核的标准。

②紧紧抓住主要问题。管理者对影响全局的问题要严格控制，对一般问题则需进行弹性控制，不必样样都控制在自己手里。这叫作“抓大放小”的控制艺术。例如，对企业经营管理时，管理者一般要严格加以控制的主要问题是：各种计划编制和实施，投入，产出的比例，产品质量，成本、人、财、物的平衡，资金收支平衡，供产销平衡等。

③发挥各职能部门的控制体系作用。关键是提高各职能部门和管理者的责任心，通过他们去了解情况，发现和解决问题。同时，要重视计划、报表、专业会议的作用，从中了解、掌握情况，研究分析产生问题的原因，及时做出决策，采取措施，进行有效控制。

### （四）自我创新能力的开发

社会创新文化、创新环境、创新机制十分重要，但作为社会中的成员，更重要的是提高独立自主开发的意识，把个人的创新潜能转化为创新能力。

#### 1. 创新能力的自我开发内容

（1）自我表象。自我表象，又称心理表象，这个概念的确认和运用，是20世纪心理学对人类做出的最杰出的贡献之一。自我表象就是指一个人采取关于自身的信念系统和它所产生的对等的思维形象。全部的思维都产生于自我概念，而反过来又形成所谓的自我心理表象。

人人都有提升自我表象的能力，这种能力来自人的本性，但是由于很多人没有认识到这一点，他的创新能力就不可能发挥出来。

教育学家普雷斯哥特·莱克是第一个认为自我表象的增长是一种提高个人表现手段的人。他认为有的人之所以平庸，是因为他们有一个导致失败的自我表象，而不是因为他们缺乏能力。莱克进一步解释，自我表象是大脑细胞的核心，是个人的自我思想和自我概念，如果一个新的想法与系统中已经存在的想法一致，而且与个人的自我概念一致，它就会很容易被接纳和吸收。如果它看起来不一致，它就会遇到抵制，并可能被拒绝。

自我表象的另一面是对“理想自我”的思考。我们希望成为什么样的人，具有什么样的品质和能力，它通常是我们成长过程中知道的某个人，即我们最崇拜的人的组合。

大脑中自我的位置和形象是开发自己潜能的决定性因素，我们每一个人实际上都比自己想象的要伟大得多。优质的自我表象（或者叫自我心象）无论创新者的出身、现状如何，都会引爆出巨大的能量。反之，劣质的自我表象，创新者的条件再好，学历再高也不会有什么作为。

（2）自我精进。自我精进是管理者进行创新的一个基本素质。根据心理学的研究发现，当一个人面对问题时，若无法有效厘清问题产生的原因，或是对解决问题束手无策时，内心就会产生压力，因此管理者必须具备保持冷静思考的能力，让自己的心境可以得到纾解并保持平静，才能避免让自己陷入窘境。

#### 2. 创新能力的自我开发步骤

（1）克服思维定式。思维定式是随着人的知识、经验的积累，形成的固定的思考问题、解决问题的方式，思维定式对解决一般问题、老问题是有效的，但对新的问题而言，往往就成了障碍。突破思维定式的主要途径与方法有以下方面。

①要有创新意识。创新意识表现为绝不满足于现有的东西，哪怕它在目前看来还很完美，而应该对现有的东西不断加以改进，探索创造出更新的东西。与那种小胜则喜、

故步自封、保守自大的观念决然相反，创新意识是一种强烈进取的意识，积极主动寻求变革，对新事物、新技术、新理论怀有浓厚的兴趣和敏锐的嗅觉，善于吸取并接受最新的技术和方法。

②立体思维。人类生活在宇宙中的一个星球——地球上，正常的思维应有宇宙观、环球观、宏观、中观、微观、渺观。无论大和小，它存在的方式是立体的，而不是以点、线、面这种形式存在的。具有本应属于我们的立体思维，可以充分发挥我们空间的想象力。

③大胆质疑。巴尔扎克有这样一句名言："打开一切科学的钥匙都毫无疑问地是个问号；我们大部分的发现，都应归功于'如何'？而生活的智能大概就在于逢事都不得不问个为什么？"独立自主的思维，而不是心怀依赖，依赖心理只有靠独立自主思维去根除。

④暂时抛开书本。贝尔实验室的经验是在进行新课题研究时，可以采用故意不去查看资料，先由自己设法探索实验，以避开现成结论造成的思维局限。

⑤多角度思考。同一事物从不同角度去观察思考就会有不同的认识，或能发现问题、或能启迪思路。

⑥求异思维。有意识进行非常规思维的思考，如从逆向侧向进行与众不同的思考。

⑦模棱两可思考法。在创新活动中，答案的模糊性、非唯一性可以给思维留下更多回旋余地与可能性。

⑧建立自己的原则。以解决问题为目的，不要拘泥于任何条条框框，建立自己的处事原则就可化难为易。

以上 8 个方面有助于我们破除思维定式，使自己的思维具有创新性。

（2）贯穿创新精神。创新精神就是强烈进取的思维，人生定律就是不进则退。这表现在以下几个方面。

①探索精神。人们的探索欲望，常常表现出强烈的好奇心，表现为对真理执着的追求。为此，也会产生强烈的求知欲。而强烈的求知欲，就要靠顽强的毅力、拼搏精神才能得到满足。

②首创精神。首创是创新的重要本质特征。首创就是要有敢为天下先的理念。有这样的精神就有了创新之魂，否则再好的方法也无济于事。

③顽强精神。没有百折不挠的毅力、不怕困难、不怕失败、不畏风险和抵抗压力的精神就不可能获取创新的成果。

④进取精神。进取精神主要包括 4 种意识，即强烈的革新意识、强烈的成就意识、强烈的开拓意识、强烈的竞争意识。通常人们认为的进取精神，就是要勇于接受严峻的

挑战。一个人所拥有的野心是其获得成功的最大动力。这是因为，一个人的野心可以反映出他对实现目标拥有进攻的态势和不达目的誓不罢休的心态。

⑤求是精神。实事求是就是科学精神。我们提倡的创造精神，既不同于墨守成规，又不同于乱撞乱碰。人们越是能够实事求是，思想行动越是合乎实际情况和客观规律，他们就越能够发挥创造精神。有了实事求是精神，就可排除一切干扰，向着既定的目标，奋然而行。

⑥献身精神。杰出的成功者不是天生的，他们是后天成就的。关键的因素是心理表象和核心信念。观察所有杰出的成功者，无一例外都拥有崇高的理想和献身精神。我们任何人都拥有与杰出成功者一样的潜能、一样的时间和一样的机会，问题在于心理表象的不同，在开发潜能、利用时间、对待机会等一系列问题上均表现出了不同心态。

（3）培养自我的创新品格。

①经常保持好奇心。好奇心是创新能力开发的一个重要因素。好奇心可以使人产生兴趣并驱动创新和创造。但是在一般情况下，人们的好奇心容易被激发，却难以保持。所以培养兴趣的一个重要的方面是经常保持已有的好奇心。追求创新有3个层次：第一层次，掌握知识；第二层次，发展能力；第三层次，形成良好的人格品质。好奇心对形成良好人格品质具有极为重要的作用。

②自信心的培养。第一，树立必胜的信念。要想成为一个优秀的创新者，在面对任何事物时都必须要拥有必胜的心态。在创新活动中，如果创新者拥有这样的心态并对其进行思考和分析，在面对问题的过程中，创新者就会产生积极的思维方式，有利于问题的解决。

第二，改变自己、分析自己。对个人来说，最难的事莫过于改变自己，如果创新者能改变自己，那么其也就改变了创新者的外部世界。改变自己当然要靠自己。一是看创新者读什么书，读成功人物的传记和成功自励的书可以帮助人们找到信心、勇气和力量。许多成功人士也有信心不足、迷茫、挫败、失望甚至绝望的经历。如《钢铁是怎样炼成的》的作者奥斯特洛夫斯基曾一度想开枪自杀结束自己的生命，当他克服了因失明、肢体残缺的障碍时，在他大脑里充满了光明的世界，为了激励自己和其他青年，他奋笔疾书，写下了不朽的名著。二是看创新者接触什么人，接触成功人士，拜成功人士为师就会使自己获得自信，更加相信自己。

第三，利用心理暗示，提升心理素质。人们提高自身心理素质有一个最为简便的方法，就是进行自我心理暗示，经常默念一些正面的、积极的口号。你每天都大声地重复这句话一百次，每天都带有强烈的愿望为自己加油，那么在某一天这个人可能就会成为一个领域的专家。心理学认为，短时间内改变一个人的人格不是通过一个简单的口号就可以实现的，不能期望短时间内就改变所有想要改变的东西，但问题的关键是有多少人天天坚持这样的自我暗示。

③强化培养兴趣的主观意识。每门学科、每项技术都有其特有的魅力，都值得品味，体验到其中的乐趣和内在的美，就会培养出浓厚的兴趣。对越感兴趣的东西，就越觉得有吸引力，自然就会对接触的事物产生兴趣，形成创新的思想基础。

④树立民族责任感和强烈的事业心。鲁迅先生最初的研究方向是关于地质的，后来出于对病人的同情，他转为留学日本从事医学研究。在战争爆发后，他看到广大的中国人民被敌人杀害，别的人却在旁观的时候，让他感觉到了强大的民族责任感，他开始将“唤起民众”作为拯救中国的关键，于是便弃医从文，开始转为文学研究和写作，后来成为一名著名的文学大家。在实际生活中我们大家都可以找到自己的兴趣爱好，每一个人的兴趣爱好都不一样，所以你要自己发掘你自己喜欢什么、想干什么，把这种思想加深，成功的那一天也就离你不远了。

创新、创造和发明具有无限的魅力。有志于开发自己创新能力的人，及早地进入新境界，让创新完善和充实自己的人生才是无愧无悔的人生。创新可以使创新者拥有快乐的人生，通过开发创新的活动，创新者会具有创新思维，并逐步提升自己的创新能力。当创新者获得了发明和创造成果的时候，创新者的价值观、人生观、世界观就会发生根本性的变革。

（4）质疑精神的培养。

创新的智慧源于问题的提出，也就是质疑，提出“为什么”。正是“为什么”，才能激发创新欲望，想象出一种较有创新性的行为，培育出创新能力。杰出的创新成功者，敢于疑人所不疑，善于想人所未想，干别人所不干的事。成功的经验表明，通过质疑，才会培养具有独立思维的品格。质疑精神的自我培养可以从以下两方面着手进行。

①可以与信心的培养相结合。有了自信，又有一个良好的心情，才会独立思考，质疑精神就会自然产生。不自信就会盲目顺从，迷信权威，甘于平庸。

②保持注意力。注意力是人智力的有机组成部分，心理学研究表明，有意记忆的效果比无意记忆的效果好，保持注意力的高度集中是有效分析问题、解决问题的必要条件。

3. 培养创新能力的途径

能力是教育、培养、训练、磨炼和激励出来的，创新能力就更是如此。根据以往的摸索、实践和总结，可以用四个字予以概括，即“学、练、干、恒”。

（1）学。所谓的学指的就是对关于创新知识，提高责任感，激发自身的创新动机。

天才、伟人，科学家、发明家、革新家之所以获得成就，是因为他们都有独特的思维方式，与常人的差别仅仅在于一个是创新的思维，一个是复制性和常规性的思维。创新的思维是完全可以学习到的。开展思维的训练，学会在工作、学习和生活中运用创新的思维方式，把创新的思维方式转化为自己的思维方式。

学习并掌握常用的个体创新技法和群体创新技法。方法就是世界，采用了什么样的思维方式和方法就决定了创新者有什么样的结果。从某种意义讲，社会的发展取决于方法的进步。个体与群体的创新技法是创新思维转化的工具。在什么情况下，面对什么样的问题，选用什么样的创新法会决定创新活动的速度和获取创新成果的频率。

（2）练。在学了之后就要练，二者要相互结合才能使知识更为扎实。对创新型人才的培养，必须坚持对他们进行日常性训练。只有不断使用大脑进行思考，才能使思维更加灵活，增强创新意识。

所谓的练，主要练习的是人们的想象力，提高思维的扩展、联想和变通能力。在头脑中产生新的构想，要做到“量”中求“质”。这样做的原因是，只有产生众多的构想，才能为创新性构想的产生打下基础。

（3）干。所谓的干实际上指的就是实践，就是要用获得的创新思维和方式来解决问题，或是开展创新性的活动，得到更大的成果。

在日常工作和生活中，如果人们能够运用创新的思维去观察事物，那么就会发现很多的问题。例如，在日本，一家柴油机厂开展了一项“一日一构想”的活动，通过员工的创新活动来推动企业的发展,要求每年每个员工都要提出100条可以被企业采纳的构想，结果员工每年每人平均提出300条以上。该企业通过这项创新活动，获得了巨大的经济效益。

（4）恒。恒指的就是经常化、制度化。组织想要获得长期的发展，就必须要长期组织创新活动，将提高人的创新能力作为一项长期任务，这样才能为企业谋得更多的利益。如何发展？唯有创新，不创新就死亡，这是硬道理。

## 四、大学生心理素质教育的探索与创新人才的培养

当前，创新已经成为一个民族兴旺发达的重要动力，但是我国对应用型人才的创新素质教育，还处于初级阶段，因此还需要对其进行更为深入的研究和探索，并将研究结果应用到实践当中。

### （一）大学生创新素质教育的实施方法

想要提高大学生的创新素质，就必须要建立起科学的教育培养方式。世界上的很多发达国家，为了培养具有创新素质的应用型人才，对高校内的教育体制、课程设置、教育模式和人才培养模式等都进行了改革，并实行了一系列具有针对性的有效措施。在我国，近年来很多高校也开始对培养创新素质的应用型人才进行了一系列的探索，并总结出了一些有效的教育方法。具体来说，主要有以下几种。

**1. 探究性学习法**

探究性学习指的是将传统教学模式中由教师单向讲授的方式，转变为师生双方通过对话和讨论，共同进行交流和探究。在该教学模式中，教师是引导者，学生是探求者。在具体实施过程中，首先需要设置一个问题情境，从而激发起学生的研究兴趣，引导学生自主对问题进行探究和探索，找到解决的方式，进行科学的思维活动。在教学活动中还要注意鼓励学生对传统理论提出质疑，发表自己的独特见解，帮助学生养成积极的思维习惯，提高学生发现问题和解决问题的能力。美国研究型大学在20世纪80年代以来，针对探究性学习进行了一系列的研究和实践，最终找到了一系列有效的教学模式，包括“苏格拉底教学法”“案例教学法”等。近几年，随着我国教育模式的改变，对应用型高素质人才需求的不断增加，我国高校也引入了讨论、案例教学等方法，并在实践教学中取得了不错的成效。

**2. 探索性研究法**

对学生创新意识和创新思想的培养是一个漫长的过程，不能一蹴而就。因此，这就需要高校对学生开展教育的过程中，不断加强对学生创新意识的培养。在涉及学生专业领域的研究过程中，如果发现该领域的研究出现了新的研究动态和研究成果，就需要鼓励学生积极去了解与该领域相关的前沿知识理论，提高学生学习的积极主动性，为培养学生的创新实践能力打下坚实的基础。随着探索过程的不断深入，学生的创新意识才能被逐渐激发，并在未来的工作和学习中不自觉地运用，获得良好的实践效果。

**3. 评价激励导向法**

学生的创新能力还受到鼓励创新机制的影响。当前社会，对高创新素质的应用型人才需求很大，因此在高校教育过程中，必须要建立起相应的鼓励创新机制，提高学生创新的内在动力，保护学生的个人发展，对学生的创新行为予以肯定，并且对那些获得良好创新成果的学生给予一定的精神奖励或是物质奖励。例如，在教育实践中，要鼓励学生树立创新的目标，培养学生的创新意识，敢于创新，对学生的简单重复或是模拟行为予以否定。在对学生的行为进行总结性评价的过程中，要重视形成性与诊断性评价，对那些课题完成不佳但是却具有创新思想的学生给予鼓励和肯定。对学生学习状况的评价要注意两方面的内容：一方面要注意考查学生对知识的掌握程度；另一方面还要检测学生的创新能力，只有这样才能够真正对学生起到导向和激励的重要作用。

## （二）大学生创新素质教育的实施途径

增强大学生的创新素质教育，一个最重要的问题是要建立起大学生创新素质教育的实施途径。大学生的创新素质教育是一项系统工程，因此在实施的过程中，必须要注意进行多角度、全方位的综合建设。

### 1. 树立创新素质教育的观念

培养具有创新素质的应用型人才，前提是要树立起创新素质教育观念。对高校来说，想要培养出更多的满足社会需求的创新应用型人才，就必须要实行一系列的措施，全面提高大学生的创新能力和综合素质。

### 2. 加强创新型师资队伍建设

高校创新型人才的培养，一批能够胜任创新素质教育的创新型教师是必不可少的。一些研究者认为，对大学生创新素质的培养，首先，教育者本身要具有较强的创新能力，善于发现，乐于寻求问题的答案，这样教出来的学生才会具有更高的创新能力；其次，教师要能够保持平等的心态，与学生共同学习，有良好的教学心态；再次，高校要建立起良好的教学环境，满足创新型教师的需求；最后，在组织创造性活动的过程中，要注重对学生进行鼓励、肯定或是评价。除此之外，创新型教师还应该掌握和了解创新型人才培养的基本规律，能够顺利解决在创新型人才培养过程中所遇到的问题。

当前，美国在对创新型人才的培养方面取得了不错的成绩，其采取的措施主要有：设立学术休假制度、各种研讨会、课程教学发展咨询服务、教学资源服务以及名目繁多的补助金，以此来帮助教师提高学术、教学水平，不断改进教学方式，提高教学实效性。

### 3. 实现课程体系、教学内容、教学手段的创新

（1）课程体系创新。课程体系创新指的是构建通识教育与专业教育平衡的课程体系。通识教育指的是在大学中开设通识课程，开阔学生的视野，让学生了解与人生相关的知识、原则与方法，在人文科学的文学、哲学、史学、社会学、经济学、政治学与自然科学领域的学习中融会贯通。在国内外的著名大学中都开设有通识教育，这是当前高校教育改革的发展趋势，同时也是培养创新型人才的一项重要措施。当前，我国高校的教学过程中，教学内容仍然过于专业化，因此在未来的教育改革中，应增加通识教育的课程设置。

（2）教学内容创新。高校所实施的创新素质教育，最后还是要落实到实际的教学内容中。为了满足市场对创新型人才的需求，高校的教学内容应以市场为导向，掌握科学技术发展的动态趋势。高校教学内容的创新主要表现在两个方面：一方面是科技创新教育；另一方面是创业教育。

高校实施科技创新教育包括多个方面的内容，具体来说主要有知识创新、技术创新、技术发明等。其中知识创新教育，主要重视的是科学发现方面的教育，鼓励学生通过科学的观察和实验去探索事物的真相，发现事物发展的规律，提高学生的发现和探索精神。技术创新指的是将在科技方面发现的最近成果，应用到生产实践中，并最终转化为商品为企业带来利润的过程，这是科技与经济的有效结合。通过技术创新教育，可以让学生认识到创新的功能和过程步骤，了解国家创新体系的机构等方面的内容。技术发明教育，主要是让学生了解并掌握发明创造的价值，以及发明创造中应当遵守的原则和方法等。

实际上，创业也是一种创新活动，并且是具有高难度的、综合性的创新活动。从一定程度上来说，创业教育可以被看作创新素质教育的延伸，其教育理念是要培养学生“开拓事业的精神和能力”。当前我们已经进入了经济和信息时代，社会发展日新月异，这就要求学生要具有较高的创新素质，能够对未来的变化进行准确的预测，并能积极应对，这是当前高校创新教育的重点。

（3）教学手段创新。从现阶段来看，实现高效教学手段的创新，实际上指的就是推动高校教育的信息化进程。实现高校的信息化进程是一项系统的工程，对提高大学生的素质教育具有重要的作用，可以实现资源的融通化、教材多媒体化、学习自主化、教学个性化、教育民主化、活动合作化、环境虚拟化和管理自动化。据统计，美国大学教师使用网络的达到97%，拥有网络接口的达到68%，还有77%的高等教育机构正在或准备开发远程教育的课程。而在我国，虽然电子信息技术的发展已经取得一定的成就，并在一定范围内得到普及，但是很多电子信息技术并没有在大学教育中得到普遍应用。

### （三）应用型创新人才的培养

应用型创新人才是指具有深厚的基础理论知识、扎实的专业知识和较强的实践能力，在此基础上善于进行技术创新的人才。应用型创新人才是科学技术转化为现实生产力的活的载体，是能够将科学技术创造性地应用于生产实践的人才。应用型创新人才与研究型创新人才的不同之处主要表现在创新的内容与方式上：应用型创新人才不但要掌握和应用最新技术使用设备，而且能改革、改造和创新技术；而研究型创新人才则侧重于新设备的研制。培养应用型创新人才，应做好以下几方面的工作。

**1. 深化理论教学改革与建设，以适应地方经济和行业的新发展、新要求**

根据社会需要，及时更新教学内容。教学内容改革要深入研究社会对人才知识、能力与素质结构的要求以及行业、学科发展的需要，积极开展反映社会需求和学科发展的新课程。要将行业与产业发展形成的新知识、新成果、新技术引入教学内容，着力减少课程间教学内容简单重复的问题。

大力推进教学方法和手段改革，实现从注重知识传授向更加重视能力培养的转变。教学方法和手段的改革要在保证实现培养目标的前提下，突破以知识传授为中心的传统教学模式，探索以能力培养为主的教学模式，推广使用现代信息工具的教学手段，推进启发式教学，采用探究式、研究性教学等新的教学方法。

**2. 强化实践教学环节，增强学生的创新实践能力**

加强实习实践基地建设。加强产学研密切合作，拓宽大学生校外实践渠道，与社会、行业以及企事业单位共同建设实习实践教学基地。采取各种有力措施，确保学生专业实习和毕业实习的时间和质量，推进教育教学与生产劳动和社会实践的紧密结合。

改革实习模式。对于生产实习、毕业实习等重要环节，倡导集中与分散相结合、参观与实战相结合的实习模式。根据实习目的和实习条件，尽可能安排学生到专业实验室、创新基地、工程训练中心、校内外实习基地、合作基地进行实战式实习。条件不允许的，可根据不同企业的生产情况和要求，把实习学生分成若干小组，进行分批、小规模实习，切实提高实习效果。

优化考核方式。实习是个动态过程，实习成绩的评定要综合考查学生的出勤、实习状态、实习报告和最后的考试成绩。实习成绩的考核还应多方评价、综合评价，要引入校内外实习单位相关人员参与评价，体现以社会需求为导向、培养应用型创新人才的办学思想。

**3. 搭建全方位的创新教育实践平台，推动学生创新实践活动的开展**

开设好创新与素质拓展学分课程，普遍培养学生的创新意识。不断完善创新与素质拓展学分管理办法；充分调动全体教师的积极性，引导教师积极承担学生创新学分指导任务，并依托自身的科研项目设立学生可以从事研究的项目，引领和指导学生进行研究性学习；逐步加大学分中创新性学分的比重，激励学生走进实验室、实习基地和创新基地，自主寻找项目、开发项目，开展研究性学习；实验室和创新性实验项目要向全体学生开放，为学生创新活动提供必要的场地、设备及技术支持；定期举办各类竞赛、学术活动，吸引广大学生积极参加。

以科技创新实践基地为依托，为学生创造自主性、研究性学习条件。创新实践基地是大学生开展自主性学习，科技创新实践的依托基地。要按照“时间上留有余地、空间上有足够场所、机制上有充分自由度、条件上有足够保障”的原则，建立将科研活动引入创新基地的良性发展机制，形成教师—高年级学生—低年级学生融为一体的团队协作型学习模式，以长期培养与短期训练相结合的方式进行创新型人才培养。创新实践基地的实践体系要具有工程针对性、多样性和多层次性，以教师的科研项目、实验室设备改造，各层次科技创新竞赛，学生感兴趣的自拟项目等为主要内容，为学生提供充足的自主学习机会、良好的自主学习条件、丰富的研究资源和广泛的交流机会。

# 第二章 素质教育视域下的高校教育思维创新

## 第一节 素质教育与创新教育理论分析

### 一、素质教育理论

素质教育是以提高民族素质为宗旨的教育，它着眼于受教育者及社会长远发展的要求，以面向全体学生、全面提高学生的基本素质为根本宗旨，以注重培养受教育者的态度、能力，促进他们在德智体等方面生动、活泼、主动地发展为基本特征的教育。

#### （一）素质概念的内涵表述

关于素质概念，有狭义、中义和广义之分。从狭义方面来讲，指的是生理学和心理学意义上的素质概念，即遗传素质。从中义方面来讲，素质就是指未来发展的主体可能性，亦即发展潜力或发展潜能。而广义的素质概念，也就是教育学意义上的素质概念，则泛指整个主体现实性，亦即在先天与后天共同作用下形成的身心发展的总水平。

在素质教育中所提到的素质概念，其实指的就是广义的素质概念。素质教育也就意味着是一种以提高主体整个素质为目标的教育。概括地讲，素质是指人在先天生理的基础上，受后天环境和教育的影响，通过个体自身的认识和社会实践养成的比较稳定的身心发展的基本品质。素质可以通过后天的教育，通过知识的内化和能力的培养来养成并不断获得提高。在我国，各级各类教育素质的含义有所不同，高等教育阶段的素质主要包括 4 个方面的内容：思想道德素质、文化素质、专业素质、身体心理素质。

## （二）素质教育的内涵及特征

### 1. 素质教育的含义

素质教育的基本内涵，就是以提高民族素质为宗旨的教育，以培养学生的创新精神和实践能力为重点，面向全体学生，促进学生全面发展，造就有理想、有道德、有文化、有纪律，德智体美等全面发展的社会主义事业的建设者和接班人。

究竟什么是素质教育？从广义方面来说，就是以提高国民素质为根本宗旨和培养国民的创新精神和实践能力为重点的国民教育体系及相关模式。从狭义方面来说，指国家通过对全体学生进行德育、智育、体育、美育等方面的全面教育，以提高他们的思想道德和科学技术素质为宗旨，以培养他们实践能力和创新能力为重点的学校教育体系及相关模式。其中，狭义素质教育的内容是以学生的思想道德素质和科学文化素质为主的，包括全部生存素质和发展素质在内的全部素质。

### 2. 素质教育的基本特征

素质教育的本质在于改善和提高受教育者的生存素质和发展素质，从理论上来说，教育的目标均应指向受教育者的素质，也即任何教育都应不同程度地改变和提高受教育者的素质。因此，素质教育的基本特征，主要体现在以下 5 个方面。

（1）主体性。素质教育的宗旨是提高以学生为主体的全体国民的素质，所以素质教育非常注重学生的主体性，弘扬学生的个性，尊重学生的主体意识，发展学生的主动精神，培养学生的健全个性，促进学生生动活泼地成长。

（2）全面性。素质教育是全面的教育。人的全面发展和社会不断进步的过程，是人类实践能力全面提高的过程。这个过程要求教育不仅要提供思想道德素质教育，也要提供科学技术素质的教育，不仅要提供生存素质的教育，也要提供发展素质的教育。素质教育注重学生的全面发展和整体发展，要求德、智、体、美等方面并重，要求发展学生的思想道德素质、文化素质、专业素质和身体心理素质。

（3)全体性。素质教育尤其强调要面向全体学生，促使每个学生都能获得相应的发展。

（4）发展性。素质教育注重学生现在的一般发展，不但重视学生现在一般发展对未来的发展价值和迁移价值，而且重视直接培养学生自我发展的能力。

（5）创造性。素质教育的一个重要目标就是培养学生的创造精神和创新能力，造就大批具有创新精神和创新能力的人才。

### 3. 素质教育的要求和任务

素质教育的本质及其特征要求具体的教育体制应与之相适应，这些要求是：

（1）这种教育应该是以学校教育为主体的，由学校教育、社会教育和家庭教育为有机组成部分的整体。学校教育是政府所提供的公共教育产品中投资最大、成本最高的部分，理应承担起主要的教育职责，但社会教育和家庭教育，由于社会和家庭对受教育者的特殊的不可替代的影响，也成为公共教育的重要组成部分。

（2）实践教育是一种针对个体特征因材施教、应需求而予供给的教育方式，要求教育主管部门必须简政放权，给予学校、教师、学生尽量大的自主权和选择权，同时也要保证相应有效的监管。另外，素质教育结构应该是正金字塔形。以素质为标准和人的社会化过程为参照的社会分层结构，呈现出正金字塔的形状，相应地也要求素质教育金字塔的结构是：最底部是范围最宽的基础教育，顶部是范围最小的高等教育，中等教育处于两者之间。

素质教育是以提高全体国民的素质为宗旨的，其任务有两个方面：一是促进金字塔底部低素质者向中部转移，二是促进中部一般素质者到金字塔顶部。由于处于中间位置的社会成员占全社会的多数以上，一个社会所要求的素质标准往往是由金字塔的中部的水平决定的。一个社会如果低素质者占到社会绝大多数，从而素质标准由他们来确定，那么社会整体素质将会退步，社会发展也会相应地退入一种恶性循环，这种结果对该社会任何成员都是灾难性的。相反地，如果高素质者逐渐增多到占全社会大多数，素质标准将会随之改变而进入下一个金字塔的循环，使全社会整体素质处于更高的水平。

因此，在社会一定发展阶段的单个循环内，提高低素质者的任务往往比提高社会整体素质更为重要，素质教育的主要任务是将低素质提高到一般素质标准，即素质教育的重心应当放在金字塔的底部而不是顶部。只有如此，社会发展才有良性循环的基础和环境。

素质教育主要是针对基础教育中的应试教育问题而提出。作为一种教育理念，素质教育也已获得了高等教育工作者的认同，并已成为高等教育教学改革的指导思想之一。素质教育就是教育学生做人做事的教育，也就是关于品德、知识和能力的教育。素质教育的核心内涵是使人实现全面发展。

### （三）杜威的儿童中心说理论

杜威从实证哲学出发，认为人的本性就有主动性，人的观念是由人的动作所引导的，动作先于意识，并通过动作不断获得新的经验，而人的思维正是在将经验到的模糊、疑难、矛盾和某种纷乱的情境，转化为清晰、连贯、确定与和谐的情境中成熟的。因此，杜威非常强调主体动作的参与，当他把动作促进思维的理论应用于儿童教育领域时，便提出了著名的儿童中心说，从而与赫尔巴特的教师中心说这一教育理念开始区分开来。

杜威的儿童中心说认为，学校即社会，教育即生活。教育过程在它自身以外无目的，它就是它自己的目的；而教育过程是一个不断改组、不断改造和不断转化的过程。因此，杜威认为对儿童最好的教育，就是从生活中学习和从经验中学习。教育就是儿童现在的生活，而非生活的准备。他要求儿童主动从做中学，充分体验知识的形成过程，同时还要求教师尊重儿童在生活中的主动性，适时地引导、激发儿童参与生活的兴趣，并能把园艺、纺织、木工等人类基本事务引进到学校课程中来。杜威的教育理念对素质教育的发展起到了极其重要的作用。

### （四）皮亚杰的认识论学说

皮亚杰真正地把杜威的从做中学理念引入了教育学领域，并形成系统的主体参与的教育思想。皮亚杰的认识论认为，主体与客体的分化是认识产生的前提，认识是主体在面向客体的活动中演进的结果。知识的来源，既非来自客体，也非来自主体，而是来自最初无法分开的客体和主体之间的相互作用。因此，在他看来，主体的活动是认识发生和发展的逻辑起点，而活动是认识中的重要机制，客体只有在活动中借助于主体的认知结构才能为主体所认识。

在儿童的智力开发领域，皮亚杰把他的认识论进行了很好的应用，并经长期的观察与验证，得出结论：儿童的思维也是在主体对客体的适应过程中形成的，而不取决于先天的成熟和后天的经验。因此，只有当儿童的主体结构在与儿童所处的社会环境相互作用之中，也即活动之中，才能实现儿童思维的发展。儿童在其活动或动作过程中，不单纯是在接受知识，更是在操作中锻炼思维，因此他认为思维就是操作，是动作的内化。

在教学活动中，教师的角色应该从基础知识或比基础知识略高一点的普通知识的单纯传递者转换为提供材料、创造情境、让儿童主动参与教学实践活动的引导者，教师也不再只是进行讲演或演示，而应该是学生活动舞台的搭建者或组织者。

我们可以看到，杜威的儿童中心说和从做中学的教育理论，只是把儿童的主体性从整个教学实践活动中凸显出来，而皮亚杰的活动教学论则把儿童教育的重点与目标从知识的灌输转移到了儿童的思维训练上，实现了从古典教育到现代教育的根本性变革。皮亚杰的教育思想对素质教育的发展也起到了极为重要的推动作用，有利于培养学生的主动探究、不断创新的精神和能力。

## 二、创新教育理论

从某种意义上说，人类之所以能够从动物界分离出来，成为万物之灵，就在于人类与其他动物相比有着更为优良的素质；人类之所以能够从愚昧落后的野蛮时代进化到高度发达的文明时代，就在于人类有着能够将社会和自身水平不断提升的创新素质。纵观人类文明史，大凡那些走在人类文明前列的民族，大多是一些极富创新品质的民族。就人类自身而言，创新的意义不仅意味着伴随人类社会的文明和进步，主体出现一系列新质因素而带来社会各个方面的变化，更重要的是它标志着人类个体生命质量的提升。创新是人的重要本性，也是人的本质特点。

### （一）创新及创新素质的内涵

创新，通俗言之，就是在原来的基础上或一无所有的情形下，创造出新的东西。创新，意味着面向未来、锐意进取、不拘一格地走向多元；意味着破除陈规、摒弃陋习、超越陈旧的思维的行为习惯。创新是突破传统观念的束缚，在已有经验基础上创造新事物的活动；也是发现新问题，提出新设想，探索新途径，采用新方法，创造新成果的过程。

从创新的外部特征看，它具有新颖性、现实性和未来性；从创新的内部特征看，它具有主体性、价值性和变革性。从不同的研究角度可将创新划分为不同的类型。例如，根据创新的程度，可以有发现、发明和发展；根据创新的方式，可以有改进、改造和创造；根据创新的表现，可以有创新表演、创新操作和创新智慧；根据创新的成果，可以是新的物质产品或新的精神产品、新的社会关系或新的社会体制、新的教育方法或新的人才素质。

创新素质就是人们在认识和改造自然、社会以及人类自身过程中，逐步形成和发展起来的，以创新为特征的、有创新功能的综合素质。学生的创新素质是学生在学习与实践过程中所形成和发展起来的创新品质和创造潜能。它具有人类创新素质的基本特征和功能，但与人类一般的创新素质相比具有特殊性。

（1）人们对创新概念理解的二重性，表明学生的创新素质具有个体相对性。人们对创新的概念有两种理解方式。一种是就人类社会而言的，即创新指创造者所进行的创造活动及其成果是人类社会前所未有的。科学家、发明家所进行的创新主要应该是这个层面上的创新。另一种是就人类个体而言的，即创新指创造者所进行的创造活动及其成果是创造者本人前所未有的，学生所进行的创新主要应该是这个层面上的创新。也只有在后一种意义上理解创新的概念，学生的创新才具有现实性和普遍性。对于学生来讲，他们所独立进行的第一次自学、第一次理解、第一次练习、第一次实践，都包含创新的价值和意义，也就是说学生创新的本质是对自身及其同伴经验的非重复性。正因为如此，学生的创新素质是学生在没有直接获得他人经验的前提下独立完成学习任务的优良品质和特征。

（2）学生创新目标的多元性、创新方式的多样性和创新水平的层次性，使得学生的创新素质具有多维性。现代教学任务是多方面的，既有教学“双基”的任务，又有发展智力、培养能力的任务，还有进行思想品德教育和发展综合素质的任务。教学任务的多重性要求学生的创新目标具有多元性；现代学校课程门类较多，学科性质多样，既有工具性学科，也有体艺学科；既有人文学科，也有自然学科；既有理论课，也有实践课；既有单一课，也有综合课。不同学科性质的课程要求学生有不同的创新方式。再加上不同学校、不同年龄阶段学生的创新水平不同，表现出层次性。学生创新目标的多元性、创新方式的多样性和创新水平的多层次性，决定了学生创新素质的多维性。学生创新素质的多维性增强了学生创造性工作与学习的适应性，为学生日后综合地、创造性地开展工作打下较为宽厚的素质基础。

（3）学生创新内容的基础性和学生身心发展的可塑性，表明学生创新素质具有可发展性。学生所受的教育是基础教育，基础教育阶段的教学创新内容既具有简单、浅显的特点，也具有综合性和奠基性。学生时期的创新内容是个体创新素质的早期表现，也是个体创新素质进一步发展的基础和前提。即使到了高等教育阶段，大学教学创新的内容虽然比中小学的层次高，但它相对于更高层次的教学创新内容来说仍然具有基础性质。它仍然是学生日后进行创造性工作与学习所不可或缺的素质基础。

此外，学生时期是个体发展的重要时期。从小学到大学，前后十多年。历经童年期、少年期和青年初期。处于不同年龄阶段的学生，其创新素质既是不成熟、不完备的，也具有很大的可塑性。学生创新内容的基础性和身心素质的可塑性，表明学生的创新素质具有可发展性。创新对人类社会文明进步和个体价值自我实现的重大意义，客观上要求学校重视对年青一代创新素质的培养和训练；而学生创新含义的相对性、创新目标的多元性、创新方式的多样性、创新水平的层次性、创新内容的基础性和身心素质的可塑性，则为学生创新素质的生成发展提供了巨大的可能性。

不仅如此，学生创新素质的生成、发展也有助于学生学习任务的顺利完成和多方面素质的提高。尽管学生创新素质的水平和层次还是很低的，但是没有低层次的创新素质奠定基础，高层次的创新素质就无从谈起；没有学生创新素质的发展，便没有整个民族、国家乃至整个人类创新素质的提高。因此，研究学生创新素质的生成发展，无论对于学生个体素质的发展还是对于民族素质的提高，无论对于学校素质教育的实施还是对于整个人类社会的进步，都具有极其重要的意义。

真正的创新人才应具备 3 个条件：一是创新人格，包括敢干创新，有创新的信心、毅力等品格，特别是要具备追求真理、坚持真理的精神；二是要有创新意识，创新事物要敏感，有好奇心，求知欲和上进心都要强，提出问题和解决问题同样重要，因为提出问题往往是创新成果的起点和基础；三是创新能力，有时也被叫作创造力，其核心就是创造性思维和创造性想象。

上述3点是相互联系、缺一不可的，而且相互不能替代。如果仅有创造力，但缺乏创新人格和创新意识，也同样不能成为创新人才。

斯腾伯格的创造力投资理论认为，人的创造就像市场投资一样，是将人的能力和精力投入到新的、高质量的思想上面。投资讲究花最小的代价创造最高的利润，创造则是用现有的知识、才能等创造出更多更有价值的产品。他认为创造力是6种因素相互作用的结果：智力、知识、思维风格、人格、动机和环境。

（1）智力。斯腾伯格关于智力的理论分为3部分，包括成分亚理论、情境亚理论和经验亚理论。成分亚理论在三重智力结构中处于最底部的操作层面上，是一种最基本的信息加工过程，它又包括3种成分，即元成分、操作成分和知识获得成分，其中与创造力相联系的关键因素是它的元成分。创造性的问题解决中关键的一步是重新定义问题。在重新定义问题阶段首先要通过选择编码、选择组合和选择比较来发现问题及其实质所在，然后再通过元成分的计划、控制和评估的信息加工过程来实现对创造智力过程的计划和调节。

（2）知识。解决问题具体过程需要一定的知识储备，重新定义问题仅解决了知道需要哪种类型的知识，而解决这一问题还需要更多的高级知识。大量的研究资料表明，某个领域的专家比新手知道得更多而且以更严谨的方式储存信息。但并不是知识积累越多，人的创造性的贡献越大。研究者们发现某一领域的知识与创造力之间存在倒U形关系，即知识和操作的自动化将损伤知识运用的灵活性。因此，一定量的知识储备及良好的知识结构是必备条件，能否有创造性的成就还应视个人的思维风格而定。

（3）思维风格。思维风格是指人们如何运用或驾驭他们的智力和知识。高创造力的个体不但具有较好的处理新情况的能力，而且有以新的方式看待问题、承担新的挑战、以自己的方式组织事件的愿望，这就是立法风格。有创造力的个体还具有全面的而不是局部的风格，即喜欢处理大的、有意义的而不是小的、不连续的问题。

（4）人格。它表明了人们的一种实质的创造力。有5种人格特征是关键的，即忍受模糊的能力，克服障碍的心向、发展的心向，敢冒风险和自信。

（5）动机。从事创造性的工作的人，其动机是任务中心的而不是目标中心的，是内在的而不是外在的。他们最关心的是他们正在做什么而不仅是他们将从中得到什么。他们不只注重目标，而是将注意力放在达到目标的必要手段上。

（6）环境。创造性的工作开展需要一个支持性的环境。环境至少可以用3种方式支持创造，即帮助传播创造思想，支持创造思想，通过基础服务评价和修正这些思想。由于什么是创造没有统一的标准，所以如果个人关于创造力的标准与环境标准相吻合的时候就将促进个人的创造力的形成。

这样看来，创新素质是个多面体。创新素质并非只是一种智力特征，更是一种性格素质、一种精神状态、一种综合素质。创新离不开智力活动，但创新绝不仅仅是智力活动。创新素质既有其智力特征，又有其人格特征，它体现的是人的一种综合素质。

一个人是否具有创新素质，关键看其有没有创新的观念和意向、有没有创新精神、是否有创新能力、是否有创新的情商素质、是否掌握创新思维方法（运用创新的基本技法）。

## （二）创新教育的内涵及其意义

创新教育是指为了使人能够创新而进行的教育，凡是以培养人的创新素质、提高人的创新能力为主要目标的教育都可以称之为创新教育。创新教育是与教育创新不同的概念，后者具有教育改革的破旧立新功能，但相对于教育改革来说更加强调与时俱进的开拓和首创，它往往与理论创新、制度创新、科技创新并列，意味着当今时代的教育创新应当在思想理论、实践体系、内在品质等方面都取得更大更深层次的突破与进展。

创新教育的定义，大致可归纳为两类。①以培养受教育者的创新意识、创新精神、创新思维、创造力或创新人格等为目的的教育体系或活动。②相对于灌输教育、守成教育或传统教育的观念、组织和方法而言的新型教育，即教育创新。其实在教育的范畴之内，这两类观点是一个问题的两个方面，即形式与内容、目标与手段的问题。

创新教育的本质，是一种相对于传统教育而言的，以提高受教育者包括创新品格、创新思维、创新能力等创新素质为宗旨，以培养创新人才为目的的新型国家教育体制。它不仅强调教育观念、形式和手段的创新，更重视教育内容的创新，创新教育主要是针对传统教育体制不利于创新的弊病而言。

（1）创新教育是在我国面对世界科技飞速发展，知识经济严峻挑战，国际竞争日趋激烈，国家创新能力直接关系到民族兴衰的形势下提出来的，主要针对的是我国科技发展创新较弱的问题。对创新教育内涵的理解的关键是对创新内涵的理解。新者，不曾有矣。社会政治经济军事科技文化活动百变万种，创新的形式与途径无穷无尽，但我们还是可以将其归纳总结为3类，即发现前人不曾发现过的事或理，造世间未曾有过的器与物，做前人不曾做过的事。创新是不能重复的，也很难说是可以学习的。因此，创新教育的本质不是教学生如何创新，而是培育受教育者的创新意识、创新精神与创新能力。

（2）创新教育使整个教育过程被赋予创新的特征，并以此为教育基础，达到培养创新人才和实现人的全面发展的目的的教育。创新教育是与接受教育相对而言的，以继承为基础、发展为目的，以培养人的创新精神、实践能力和创新人格为基本价值取向，它的最终目标是培养创造型人才。

（3）创新教育不是一种单纯训练学生发明创造的技巧的教育，而是一种旨在培养受教育者的创新能力、创新意识和创新精神等的教育。创新教育不是一种培养少数尖子学生的英才教育，而是一种面向全体学生的素质教育。创新教育不是一种只重结果创新的教育，而是一种既重结果、更重过程上的创新的教育。创新教育不是一种以挖掘个体某项创新潜力为价值目标的教育，而是一种要从个体的心智中源源不断地诱出一些提供最佳创意的人格特征的教育。

（4）创新教育是一种追求卓越教育的理想教育。它与和谐教育、愉快教育、主体教育、成功教育、个性教育、全面发展教育等在实质上是密切相关联的。其目的是为开发和培养学生的创造潜能创设条件。创新教育，意味着对个性的尊重，对独特性的尊重，意味着对个体自我潜能的开发、促进自我价值实现的重视。创新教育意味着教育功能的重新定位，是一种真正以人为本的教育。

创新教育的内涵，我们可以从以下几个方面来认识。

（1）创新教育是一种能力的培养。这种能力主要是指构成发散性思维的几种基本能力，如思维的敏锐性、流畅性、变通性、原创性和精制性。创新能力的发展依托于个性的充分发展。发展学生个性最重要的是发展学生的批判性思维能力。批判性思维是学习的不可分割部分，它与解决问题并列为思维的两大基本技能，与处理信念、学习、解决问题、全球意识并称为21世纪公民应具备的五大能力。创造思维表现出冒险心、好奇心、挑战心、想象力等特征。

（2）创新教育是一种人格的历练过程。已有的创新研究说明，创新的人具有许多独特的思维、心理和行为特征。如开放、自足、自信、乐观、喜欢挑战性工作、勇于面对冲突、富于直觉、顿悟、喜欢独处、好奇、探究、坚定、果断、喜欢假设猜测、能独立判断、注重细节、目标高远、好幻想、能用审美眼光看事物、喜欢接受新事物、兴趣广泛、自主性、自发性、做事专注、喜欢穷根究底、不迷信权威、率性而为、超越世俗与功利的钳制等。

（3）创新教育是一种需要综合运用多种能力的活动过程训练。创造行为的动态模式说明，创造是一种过程，从准备期（收集有关资料，结合旧经验和新知识）—酝酿期（百思不解暂时搁置，但潜意识仍在思维解决方案）—豁朗期（突然顿悟，明了解决问题的关键所在）—验证期（将顿悟的观念实施，验证是否可行）。这4个阶段，都可以在教学中创设相应的条件有意识地加以引导，如激发动机、设置问题情景、建构意义、评价修正等。

创新型人才除具备一般人才的共同素质外，在知识和能力上应该具备一些特殊的素质，即要具有强烈的创新意识和献身科学的精神，广博精深而合理的知识结构，敏锐而准确的观察力，严谨而科学的思维能力，丰富甚至是奇异的想象力，敢于和善于冒一定风险，不怕挫折和失败等诸多特点。时代和社会发展对创新人才的需要决定了创新教育是当今大学素质教育的灵魂和核心内容。

对现代教育来说，培养创新能力不是一般性的要求，更不是可有可无的事，而应成为所有教育活动的一种基本指向。在走向知识经济的时代，由于原创性是经济、社会发展成败的关键，所以它将成为评价教育成败的最高标准。指出创新教育的重要性，不单纯是一个更新教育思想和观念的问题，更重要的是它关系到科教兴国战略的实施，关系到21世纪我国经济和社会的发展，特别是关系到未来国家和民族的命运，因而具有重大的实践意义。

### （三）创新教育的构成

创新教育包括了创新意识、创造力（创造性思维和创造性技能）与创新人格（创造性态度）诸方面的教育。其中，意识是导向引领，创造力是核心，人格是基础。

**1. 创新意识**

推崇创新、追求创新、唤醒创新动机，确立创新目标，激发创新潜能，释放创新激情等。强烈的创新动机，高尚的创新目标，健康的创新情感，它反映出创造主体良好的精神状态。创新意识可以从创新需要、创新动机、创新兴趣、创新理想和创新信念几个层次展开培养，层次之间有紧密的内在联系。因此，在高等教育中，应该把培养创新意识作为高等教育的重要内容。

**2. 创新思维**

创新思维类同于创造性想象，二者均拥有想象力与思维两种功能，亦即通过想象产生出新主意，并借助思维使之具体化。创新思维也可视为扩散思维和聚合性思维、直觉性思维与逻辑性思维的种种统合。创新思维是创造力的核心，是创新教育要着力培养的最可贵的思维品质。创新思维作为能力，包括创造性想象、直觉能力、洞察能力、预测能力和捕捉机遇的能力等，其中最主要的是直觉能力和想象力。在创新思维中，创造主体发现解决问题新途径、打开解题关键的基本阶段，往往是无意识地直觉地实现的，所运用的主要是直觉想象思维，思维结果以顿悟或豁朗的形式存在。

3. 创新技能

所谓创新技能是指习得某种基本技术，通过熟练而产生的感知性、运动性能力超越了历来的技术水准，达到新的高级水准者。创新技能是创造性思维或是技术训练的重要基础。创新技能是反映创造主体行为技巧的动作能力，是在创新智能的控制和约束下形成的。创新技能主要包括以下几个方面，即创造主体的一般工作能力、动手能力或操作能力，熟练掌握和运用创造技法能力，创造成果的表达能力、表现能力和物化能力。创造技能也像其他技能一样，只有通过训练和实践才能真正获得，做中学是唯一有效的途径。

4. 创新人格

创新人格也称创新态度教育。创造性态度可以借助创造性人格特征的分析来加以探明。作为创造性态度的要素主要有：自我控制力、自发性、冲动性、持续性、好奇心、独立性、灵活性、精神集中力等。

### （四）创新教育的特征

1. 全面性

（1）创新教育的全面性表现为要求引导学生掌握全面的、百科全书式的基础知识，开发学生各方面的潜能，使学生在智、德、美、体等方面发展。创新教育是创新性综合素质的教育，而绝不是单纯的技能教育，它涉及人格、智能、知识技能培养的诸多方面，与个人自由全面发展的教育在实质上是一致的。

（2）创新教育是面向全体学生的教育，是全方位、全过程的教育，是终身教育。

2. 超越性

创新教育本质上是引导和激励学生不断超越与前进的教育。它包括超越遭遇的困难、障碍去获取新知；超越令人不满的现状去改造世界，建设新的生活环境；超越现实的自我状态，使自己的能力和修养得到提高。

3. 开放性

创新教育不是狭隘的、自我封闭、自我孤立的活动，不应当局限于课堂上、束缚在教材的规范中、限制于教师的指导与布置的圈子内。创新教育的开放性就是在教育过程中始终把学生看成是处于不断发展过程中的学习主体，看作一个身心两方面处在不断构建、升华过程中的人，始终把教学过程看作一个动态的、变化的、不断生成的过程。

4. 主体性

创新教育应在这两个方面体现出创新的本质要求：一是充分发挥学生的主体精神；

二是培养学生的独立的个性。

**5. 实践性**

创新教育的实践具有多重意义。其一，只有通过实践，创新的思想才能转化为现实。其二，只有通过不断实践，人的创新意识和能力才能得到培养。其三，实践为人们的创新提供必要的问题情境。

**6. 差异性**

首先，表现在学生的创新与人类总体创新包括专家学者的创新相比，有共同的一面，亦有不同的一面。其次，还表现在不同学段、年级的学生以及不同的学生个体都有其特点，不可机械划一，强求一律。

### （五）创新教育的原则

创新教学的原则不同于传统的教育教学原则。它服从和服务于新时期人才培养的目标。实施素质教育的重点在于培养学生的创新精神和实践的能力。而创新精神和实践能力则是创新人才必备的基本素质，这也正是创新教育的根本目的。

实施创新教育教学主要应遵循以下基本原则。

（1）知识与能力并举，以能力为本的原则。创新离不开继承，创新教育并不排斥知识的传授。任何创造性的发明和发现，都是建立在一定知识积累的基础上的。与传统教育不同的是，创新教育不是把获取、积累知识放在首位，而是把培养学生创新精神和创新能力放在首位。这不但传授是什么、为什么的知识，而且教给学生学习，接受知识的技能和方法，教会学生善于运用学到的知识，进而发现新知识。

（2）个性化原则。创新的本质是独立创新，创新人才总是表现出鲜明的个性。从某种意义上来说，没有个性就没有创新。因此，个性化原则是培养创新人才的一条重要原则。教师要在观念上承认学生的个体差异，尊重学生的不同兴趣和爱好，深入了解每个学生的性格特征、兴趣爱好及特长，在此基础上实施个性教育。例如，对学习成绩优秀、智力超常的学生要鼓励他们冒尖、指导他们学习更多的知识，对学习成绩差的学生要循循善诱，帮助他们找出原因，并采取有针对性的措施，及时发现他们身上的闪光点，加以鼓励，以增强他们的自信心。评价学生不能单纯以分数高低为准，而应将有无独到见解、有无新意作为重要评价标准之一。

（3）开放性原则。传统教育在许多方面表现出很大的封闭性，这主要包括：教学内容陈旧，不适应新形势的发展变化，教学方法保守、满堂灌的现象仍很严重，教育者思想封闭，观念陈旧，不能及时了解外部世界日新月异的变化等。这些在一定程度上阻碍了学生创新能力的培养。创新教育的开放性原则不仅要求教学内容、教学方法和教育途径具有开放性，而且要求教育者具有开放性精神。

（4）民主性原则。创新教育的民主性原则强调在教育过程中要形成有利于创新的民主氛围，如平等和谐的师生关系、优美的教学环境、学生自由发展的空间等。在教学管理中，要改变教师集中过多、统得过死的现象，使教师的教学活动成为名副其实的创造性活动。在教学过程中，要让学生感到宽松、融洽、愉快、自由、坦然，没有任何形式的压抑与强制，这样才能使学生自由、自主地思考、探究，提出理论的假设，无顾忌地发表见解，大胆果断而自主地决策和实践，才有可能创新与超越。否则，就谈不上什么创造与创新了。因此，民主性是创新教育教学不可或缺的内在特性。

（5）探究性原则。创新教育离不开对问题的探究。在教育教学活动中，如果没有对问题的探究，就不可能有学生主动积极地参与，就不可能有学生的独立思考与相互之间思维的激烈碰撞而迸发出智慧的火花，学生的思维和能力也就得不到真正的锻炼与提高。实施这一原则，教师要创造性地教，引导学生创造性地学，让学生始终处于探究、创造的环境中。为此，教师要最大限度地激发学生的好奇心和求知欲。好奇心和探究未知的执着兴趣是科学进步的根本推动力量，是创新思维的内驱力。好奇心更是学生学习的内在动力，是学习成绩出现差异的最主要原因之一，这已是不争的事实。好奇心、求知欲与学生对知识的浓厚兴趣和乐观向上的丰富感情有关。兴趣是最好的老师，情感几乎支配着一个人的精神状态和由此产生的行为活动。传统教育教学忽视学生对学习的兴趣和情感因素。

以应付考试为目的，课堂讲解加课外练习的传统教学模式是造成学生好奇心和探究未知的兴趣缺失的主要原因之一。为彻底改变这种状况，要激发学生的好奇心、求知欲，培养学生的学习兴趣。首先，要求教师自身应有强烈的探索精神，加强教学研究与创新。其次，要改革传统的教学模式，充分利用现代化教育教学手段，设置有利于知识获得、技能训练、创造力发挥的交互式情境，使学生主动学习，积极探索。再次，要真正把学生置于主体地位，让他们自主地、自由地学习、探索，教师在教学活动中主要发挥指导、启发作用。最后，教师应鼓励学生质疑问题，把他们的思维引导到正确的轨道上来。

（6）层次性与全面性原则。创新教育的层次性原则要求教育者针对不同层次的教育对象、确定不同的创新教育目标，设置不同的创新教育内容和途径。创新教育的全面性原则要求教育者要面向全体教育对象。在过去的教育中，一谈到创造性，往往把对象集中在少数尖子生身上。然而，在不同阶段，甚至同一阶段每个学生都在不同的方面表现出不同程度的创造性。由此可见，创新教育应面向全体学生，要相信每个学生都有创造的潜能，只不过人与人之间创造性有大小不同的差别罢了。创新教育的全面性原则要求教师不能偏一部分学生，更不能歧视一部分学生。要从全局看问题，从未来看问题，从发展看问题，千万不要对学生下武断性的结论。

## 第二节 高校创新教育改革发展现状

20 世纪 90 年代中期，我国教育界展开了关于素质教育的大讨论并取得了不少共识。1998 年全国人大九届四次会议通过的《中华人民共和国高等教育法》，以法律的形式，规定了我国教育的培养目标是德、智、体等方面全面发展的社会主义事业的建设者和接班人。1999 年召开的第三次全国教育工作会议则明确把全面推进素质教育、培养全面发展的人才作为今后教育工作的中心任务。高校纷纷响应。自 20 世纪 90 年代中期以来，各高校根据自己的具体情况，积极进行改革实践。确立了以学生的全面发展为目标，以文化素质教育为突破口，以培养学生的创新与实践能力为重点，取得了积极的成效。

### 一、教育体制的自主性

早在 20 世纪 80 年代中期，一些教育工作者就意识到国家对高校管得过死，不利于高校的发展和学生的培养，提出要深化高校改革，扩大办学自主权。1998 年通过的《中华人民共和国高等教育法》明确规定："高等学校自批准设立之日起取得法人资格……高等学校在民事活动中依法享有民事权利，承担民事责任。"在此基础上，还分别在招生权、教学权、学科专业设置权、科研权、人事权等方面作了具体规定，为高校自主权提供了法律依据。第三次全国教育工作会议把扩大高校自主权作为深化教育改革的一项重要内容，指出要按《高等教育法》规定，切实落实和扩大高校的办学自主权。之后经过多年的探索改革，我国高校在招生、教学科研、经费筹措、人事等方面逐渐有了较大的自主权。指令性的要求日趋减少，指导性的意见愈益增多。2002 年 3 月，教育部又做出决定，批准北京大学、清华大学、上海交通大学等 6 所高校自主设置本科专业，使高校教育改革向纵深发展。

为扩大学生的自主选择权，各高校都从学分制入手，不断深化改革。北京大学提出本科学习制度从学年学分制转变为自由选课学分制，学生在教育计划和导师的指导下，自由选择教师和课程。复旦大学提出完全学分制建设方案，建立合理的课程结构，给学生更大的自主选择余地；实行灵活的学籍管理制度，强调教师的主导作用。一些院校还根据学生的兴趣和特长，实行更为宽松的专业选择制度。此外，在跨校选课、学分互换等方面一些高校也进行了大胆尝试。目前，北京、上海、南京、杭州、天津等地的部分高校之间积极开展合作，实行互选课程、学分互认以及转学等新举措。通过改革，大学生们已经具有一定的自主选择权和自我设计、自由发展的空间。在课堂教学上，教师更注重教学过程的自主性、能动性，使学生在积极主动的学习中获得学习的乐趣。

## 二、知识结构的综合性

新中国成立之后，我国借鉴苏联模式，按照专才教育目标，一方面，削减综合性大学，发展专门学院；另一方面，在高校内部，按照产业部门、行业甚至产品类别设立口径狭窄的学院、系科和专业。这种专才教育造成学生知识结构单一，很难适应国家经济、社会发展的要求。为改变这一状况，此轮改革通过高校合并、学科与专业调整、课程综合化等形式，为学生提供宽口径的学科和课程大平台。

在教育部的推动下，高校之间按照合并、合作的方式，建立起一批多学科的综合性大学。到 2002 年，先后有 708 所高校合并组建为 302 所综合性的高校；有 317 所高校开展了校际合作办学，形成了 227 个合作办学实体。同时，教育部还进行了面向 21 世纪教学内容课程体系改革计划，不断拓宽专业口径，调整专业目录。目前，我国高校本科专业目录已由 1998 年的 504 种削减到 249 种，高校以文、理、工、农、医分校，学科单一、专业狭窄的状况已有所改善。

高校内部也积极推进改革，通过调整不合理的课程体系，实行课程设置综合化，以拓宽专业口径，实现从专才教育向通才教育的转变。为打破专业和学科壁垒，培养复合型人才，北京大学从 2003 年开始，招生时不再分专业，实行按院系、学科大类招生，在低年级实施通识教育，高年级实施宽口径的专业教育；清华大学提出在“十五”期间，将实现本科教育从传统的专业对口向加强社会适应性和人才培养多样性方向转变，培养过程从单一学科背景向加强学科的交叉与综合方向转变。与此同时，一些高校还设立综合化改革试点，探索综合性人才培养的有效途径，收到了一定成效。这也对课堂教学提出了更高的要求，无论教师或学生都希望在丰富多彩的教学过程中扩大自己的知识面，同时使自己的知识结构更加合理，以适应社会日益激烈的竞争。

## 三、素质教育的全面性

我国高等教育在学生素质培养上长期存在的问题在于，重视成才教育，轻视成人教育；重视知识教育，轻视素质教育；重视科学教育，轻视人文教育。为改变这一状况，各高校都提出全面推进素质教育，促进学生全面发展和健康成长的举措。

在思想道德素质教育方面，不断深化两课教育改革，探索有效进行两课教育的新模式。如清华大学指导学生阅读经典，通过专题向研究型课程过渡，组织学生与教师一起开展研究，取得显著成效；上海交通大学在做好思想政治理论进教材、进课堂、进头脑的基础上，提出思想政治工作进学生社团、进生活园区、进校园网络的思路，使思想政治教育更加贴近学生的实际，增强了针对性和有效性。

在科学文化素质教育方面，针对文化教育薄弱的情况，1995 年，原国家教委在全国 52 所高校开展加强大学生文化素质教育的试点工作。1998 年，第一次全国普通高等学校教学工作会议颁发了《关于加强大学生文化素质教育的若干意见》（以下简称《意见》），随后正式建立 32 个大学生文化素质教育基地。在试点的带动和《意见》的指导下，各高校纷纷通过设立人文选修课、开设人文讲座、加强校园文化建设以及建立校外文化教育基地等多种形式对大学生进行文化素质教育。2002 年 3 月，共青团中央、教育部、全国学联又联合下发通知，在北京大学、清华大学等 63 所高校试行开展大学生素质拓展计划，标志着全面素质教育进入了一个新的阶段。素质教育的发展对课堂教学也提出了新的要求，教学过程应该体现出生动性、全面性，从而有利于学生的全面发展。

## 四、能力培养的创新性

传统教育注重对学生进行知识传授，忽视能力，尤其是创新意识和创新能力的培养。针对这一问题，此轮高等教育改革把培养学生的创新精神和实践能力作为全面发展教育改革的重点。《中共中央 国务院关于深化教育改革，全面推进素质教育的决定》指出，实施素质教育，要以培养学生的创新精神和实践能力为重点，高等教育要重视培养大学生的创新能力、实践能力和创业精神。

为贯彻这一精神，各高校首先从减负做起，通过减少学生的学分、学时和课业负担，给学生创造更多的进行探索研究和参与实践活动的时间和空间。北京大学把本科生的总学分从 20 世纪 80 年代的 200 多学分逐步减少到 150 学分以下，南京大学则通过实行三学期制来减轻学生的课内学习负担。其次，高校通过制定相应的制度鼓励学生积极从事科研创新和实践活动。清华大学在本科生中推广大学生研究训练计划，鼓励学生在导师指导下开展探索性研究工作。上海交通大学推行本科生提前参与导师的科学研究，完善各类实践环节，开展学生创业计划竞赛等活动，此外还积极鼓励学生参加重大国际比赛，去争金夺银。一些高校还通过设立第二课堂，组织社会实践、科技比赛、学生社团以及志愿者活动等多种途径，为培养学生的创新与实践能力创造了有利条件。

所以，学校和教师作为教学的主体，应当努力把创新教育的实施与物理教学有机地结合起来，在教学过程中体现创新教育的实质和素质教育的灵魂，同时在创新教育的实施中体现教学过程的科学性、严谨性，使得学校的创新教育理念在合理的教学过程中得以贯彻实施，从而为社会主义现代化建设培养出更多更好的创新型人才，实现科教兴国的宏伟目标。

## 第三节 素质教育与创新教育的辩证关系

21世纪是知识经济的世纪，未来人类经济的可持续发展，将越来越多地依靠技术创新和人力资源的发展，这使得各个国家更加重视素质教育和创新教育。素质教育和创新教育一脉相承，二者既有联系，又不完全等同。

### 一、创新教育和素质教育提出的背景

#### （一）素质教育的提出背景

党的十一届三中全会以后，各项事业都进行过拨乱反正，教育也不例外，其代表就是恢复高考选拔人才制度。就数学教育而言，由于考试的需要，人们便把数学教育单纯地看成学科专业化教育，形成了以应试为中心、过分追求升学率的数学教育，使得数学教育背离了以提高人的数学素养、提高公民的全面素质为教育目的的轨道，并且越走越远。这样就扭曲了数学教育的根本任务，削弱了数学教育的固有功能，淡化了数学教育在提升公民高层素质方面的重要作用。

为纠正急功近利的现象，适应新形势的需要，教育专家及教育工作者提出素质教育这一概念，指出基础教育要以提高国民素质为目标，以促进全体学生德、智、体、美、劳全面发展为宗旨。在全国开展了轰轰烈烈的教育改革，这对确立基础教育的地位、改变我国基础教育薄弱的现状起到了积极的作用。

#### （二）创新教育的提出背景

素质教育实施的10多年，由于其内涵不太明确，界定不太清晰，在教育理论界存在着大量争议，并且教育工作者在实施过程中存在诸多困惑，如理解上片面化、对减负产

生误解等。这时 1999 年召开了第三次全国教育工作会议，在其会议文件里指出“实施素质教育……以培养学生的创新精神和实践能力为重点”。后由理论工作者进一步发展为创新教育这一概念。提出创新教育是深化教育改革、全面实施素质教育的需要，是时代发展、社会发展的需要，是培养创新意识与创造能力的需要。

## 二、创新教育和素质教育的联系

创新教育是素质教育的组成部分，是素质教育的重点，素质教育中已包含了创新教育，二者是一种包容关系，而非并列关系，不应该将创新教育独立于素质教育之外。其中，素质教育是创新教育的基础，创新教育是素质教育的核心。创新教育可以辐射素质教育，却无法替代素质教育。我们要正确理解和把握创新教育和素质教育之间的内在关系，在全面实施素质教育的基础上开展创新教育，以创新教育为中心整体推进素质教育。

### （一）素质教育的核心是创新

具体来说，我们可以从以下几个方面来认识。

（1）素质教育从提出开始尽管没有明确定义，但在理解上素质教育应包括思想政治素质、道德素质、知识素质、技能素质、能力素质、心理素质、审美素质、身体素质、劳动素质各方面。而其基础是文化基础知识，即知识素质，其核心是创新。

（2）创新教育是素质教育的核心，是实施素质教育的关键。若以母、子系统论观之，创新教育无疑只是一个子系统，它上面存在着一个素质教育亚系统，居此亚系统之上的则是全面发展教育这个母系统。全面发展教育是方针和纲领，素质教育是全面发展教育的具体化和深化，创新教育则是素质教育的核心和关键。

它们的精神实质完全是一致的。

创新教育是素质教育的核心内容。一方面，劳动者的创新精神和能力不但对科技进步，而且对整个社会都具有重大的影响；另一方面，实施素质教育必须在一系列问题上创新，包括教育观念、教育制度、教育内容、教育方法等都要创新。所以，二者是相辅相成的。

（3）创新教育是 21 世纪高等教育改革与发展的主题，创新教育的核心就要通过活动的质量和效益来检验。我们不能简单地理解为仅仅是教育方法的改革或教育内容的增减，应该把它作为教育功能上的重新定位，是带有全面性、结构性的教育改革和创新教育发展的价值追求。

### （二）创新教育继承了素质教育中的核心成分，二者是继承的关系

创新教育大大丰富了自身的内涵——培养创新精神、创新意识和创新能力，而摈弃了素质教育面太广、无一个确切的界定、重点不突出、内涵不明确的缺陷。因此二者是一个辩证的关系、发展的关系。

### （三）素质教育与创新教育的关系是包含与被包含的关系

如前面所述，一般情况的教育都属于素质教育，素质教育自然包含创新教育，但创新教育又在素质教育中占有特殊地位。

（1）创新教育应当统一于素质教育。在教育金字塔中，创新教育所对应的是素质教育对象之一的高素质者。创新即指相对高于社会一般素质的活动和能力，这一活动和能力来源于高素质又表现为高素质，因此创新教育的基础是那些处于金字塔顶部的高素质者。如果我们向创新教育倾斜，把重点放在顶部，金字塔就可能由于头重脚轻而不稳或坍塌，进而会影响到整个教育的结构和循环。这说明，在素质教育金字塔结构中，创新教育只能占全部素质教育的应有比例而不是全部，我们不应当以创新教育代替素质教育。

（2）素质教育应当指向创新教育。素质教育的最终意义在于培养出越来越多的高素质者，由高素质者进行创新而带动社会进入下一轮更高的循环系统。否则，素质教育就不能发挥推动社会进步的作用。

毫无疑义，学校在素质教育中为社会培养合格公民和输送不同层次的劳动力的同时，必须有意识地贯彻创新教育的方向，这两个目标应该是统一的。

### （四）创新教育是对素质教育的进一步发展，是素质教育的逻辑延伸

创新教育并不亚于素质教育，它是素质教育的重要组成部分和有效实施途径，是新形势下对素质教育的进一步发展和完善，是素质教育更新、更完美的体现。创新教育具有素质教育的全体性，即面向全体学生；全面性，即促进学生的全面发展；主体性，即学生能够主动地进行自我发展。

只有各方面全面发展，才是提高综合素质的表现，如果强调某一方面，而忽视其他方面，素质教育就不可能真正实施。我国的教育方针所强调的培养德、智、体、美、劳诸方面全面发展的人才正是素质教育的最终目的与要求。

### （五）创新教育是实施素质教育的最高形式

创新教育是素质教育的提升，是时代发展的呼唤。相对于素质教育而言，创新教育

是高层次的素质教育。

（1）从教育思想的角度来说，素质教育是创新教育的基础，因为只有在素质全面发展的基础上，才能形成创新意识、创新精神和创造能力，才能造就一代又一代创造型人才。

（2）从教育模式的角度来说，创新教育则是高层次的素质教育，是素质教育的最高体现，因为创新教育所培养的素质不是一般素质，而是创新素质。创造，是人类本质的最高体现。以培养人的创造力为根本宗旨的创新教育，既是人类最高层次的教育，也是当前正在全面施行的素质教育的一种最高形态的实践模式。

### （六）素质教育和创新教育的目标是一致的

素质教育和创新教育的目标是一致的，即提高全民族的素质，提高全民族的创新能力。

（1）素质教育以提高全民素质为目标，以促进人的全面发展为根本。它着眼于受教育者及社会长远发展的要求，以面向全体学生、全面提高学生的基本素质为根本宗旨，以培养学生的创新精神和实践能力为重点。在知识经济社会，知识素质是最基本的素质，缺少知识素质这个基础，其他素质就无从谈起。

（2）创新教育是以培养学生的创新素质为目标，以提高人的创新能力为根本。它实际上是在人的基本素质中单独提出创新素质加以重点培养。创新是一个民族的灵魂，创新能力是一个民族发展的保证，中华民族只有不断创新，才能立于世界民族之林。

## 第四节　素质教育视域下物理教学创新思维培养的作用

物理学作为现代科学的基础，在20世纪众多伟大科学家的推动下，已经发展得相当完善。物理规律和谐、简洁、臻于完美、博大精深。物理学的发展继往开来，脉络清晰，异彩纷呈。可以说物理学是一个思维的王国、创新的王国。

物理学是新技术的源泉。物理学就其本身的特点决定了它在培养学生创新能力中的独特功能。首先，物理学具备完美的数理结合的理论体系。通过物理课学习的科学概念和观点以及各种物理方法，对培养学生提出问题、分析问题和解决问题的能力极为重要。其次，物理学具备科学完备的实验方法。物理实验由于其内容设置及设计思想和实验方法的基本性和启发性及所用仪器设备的通用性，对于学生在其后的专业实验课和其他实践课程学习乃至将来在实际工作中所必备的技术操作和动手能力以及设计能力等都是必不可少的基础训练。

物理学若干世纪以来的辉煌成就，使之创造了一整套行之有效的思想方法和研究方法，据专家统计，在 300 种通用的科学方法中，物理学包含 170 种，占 56.7%。在大学物理课程中，学生可以接触到实验的方法、观察的方法、科学抽象的方法、理想模型的方法、科学归纳的方法、类比的方法、演绎的方法、统计的方法、证明和反驳的方法、数学模型的方法；还可以学习到科学假设的方法、对称性分析的方法以及定性和半定量的方法等。掌握这些思维和解决问题的方法对创新起着至关重要的作用，因此大学物理课程在为学生打好基础和培养学生创造性方面的作用几乎是不可替代的。

另外，物理学所揭示出的自然规律是科学家们长期研究的结果，有的是经过几代人锲而不舍艰苦探索才得出来的，物理课程中包含了无数著名科学大师深刻的物理思想和精妙的哲学思辨。物理学发展的历史表明，谁能首先同束缚科学发展的传统观念决裂，提出新的见解和理论，谁就能站在科学发展的前沿，对推动科学发展做出创造性的贡献。这些发现和创造的实例将使学生受到物理学家们创新精神的感染和熏陶，对提高学生的科学素养，培养他们的探索精神和创新意识，都会产生积极而深远的影响，起到其他课程无法替代的作用。通过大学物理课程的学习，可以使学生体会到创新无处不在，正是这一点一滴的创新才促成了世界日新月异的变化。

# 第三章　物理教学与创新思维培养

## 第一节　物理教育教学创新重要性分析

物理学是一门基础科学。物理学的产生和发展乃至今天对整个科学技术所表现的巨大作用，既是人类的社会生活实践和科学实验创造性的结晶，也是世世代代科学研究者的创造性劳动的共同结晶，其中包括大量物理学的个人创造。实践证明，物理学发展史是一部人类创造的历史。因此，物理学，包括其本身和教育都与创新融为一体。

### 一、一切为着呼唤创造力

创造力是什么？众说纷纭，概括起来，它的定义大致分为三类。

一类是从创造主体即人的素质出发的，如创造力是正常人在科学发现、技术发明、文艺创作等创造性活动中表现出来的各种积极的个性心理特征的总和。另一类是从创造结果入手的，如创造力是根据一定目的，运用一切已知信息，产生出某种新颖、独特、有社会或个人价值的产品的智力品质。还有一类是从创造过程着眼的，如创造力不是单一的心理活动，而是一系列连续的高水平的复杂心理活动，它要求人的全部体力和智力的高度紧张，以及创造性思维在最高水平上的运行。

目前，从开发人的创造力出发，学者罗玲玲又提出一种新的创造力定义：是创造者潜在的创造力被某项创造活动所激发，产生创造的情境动机和前创造力，以真正的创造产品出现，标志着现实的创造力的实现。

显然，创造力如此复杂，很难给出一个定义。尽管如此，人们一直试图从各个不同方位去研究她、呼唤她。因为“创造力是人类诞生以来最古老、最美丽的花朵之一（俞国良）”。当今中外，创造力已越来越成为人们关注的热门领域和焦点。

20世纪50年代，美国著名心理学家吉尔福特（J.P.Guilford）发表了《论创造力》。在此著作中，他首次提出，从狭义和广义两个方面看创造力：从狭义上讲，创造力就是创造能力；从广义上说，创造力包括才能、动机和气质特性。美国心理学家托兰斯经过多年的探索，发展了吉尔福特的理论。他提出了以创造能力、创造技巧、创造动机为核心的创造人格。三者同时具备，才能产生创造行为的创造力结构研究模式。

可见，创造力是衡量一个民族素质的首要标准。

创造力在人类社会进步过程中起着巨大的作用，人类凭着自己独有的创造力几乎可以创造自己所需要的一切。

科技发展也在于创造力。1957年，苏联人造卫星发射成功，刺激美国政府各界思考并检讨导致美国在太空竞争中落后的原因。其中，美国的中小学教育过于刻板，不重视学生的创造思维的培养是一重要原因。以此为契机，美国心理学家和教育学家纷纷加强了认知心理和创造力的研究，呼吁中小学教育要重视学生创造力的培养。20世纪80年代，美国进行了教学改革，把创造性教育提高到一个新的高度，呈现了一系列创造教育的教学模式和策略。目前，美国设有“创造力教育基金会”，资助中小学有关创造力的培养和开发。同时，美国总统提醒人们：“我们正跨入一个新的时代——亟须一种新的创新精神的时代。”提出要培养“世界一流的创新人才”。

苏联从20世纪60年代开始，就把培养学生创造力写入宪法。日本提出，“独创是国家兴旺的关键”，开发国民的创造力是“走向21世纪的道路”。教育要成为“打开能够发挥每个人创造力大门的钥匙”，使受教育者都成为“面向世界的日本人”。

可见，发达国家把教育改革的目标定为培养善于适应变化和创新的人才上。哪一个国家不认识到这一点，那他将落伍于世界民族之林。

众所周知，诺贝尔奖从1901年开始已颁发百年，总的来说，它是最享盛誉、最有权威的国际奖赏，代表着世界科学的一流水平。很多著名科学家由于在科学领域里的重大发现和突出成就而获此殊荣。此外，这一奖项也是衡量一个国家科学水平的重要标志。无论是重大发现和发明，这些具有重大贡献的研究成果都是和获奖者杰出的创造力息息相关。美国在20世纪下半叶，诺贝尔奖得主数突然大幅度上升足以说明。

中华民族是最富于创造性的民族。从1901年至1998年，在获诺贝尔科学奖的400多（含物理学奖得主159人）人中有6位华裔科学家：理论物理学家杨振宁、李政道，1957年因发现“宇宙不守恒定律”而获诺贝尔物理学奖；实验物理学家丁肇中因发现基本粒子而获1976年度诺贝尔物理学奖；化学家李远哲因分子反应动力学方面的研究而获

1986年度诺贝尔化学奖；实验物理学家朱棣文因最早发明出一套利用激光冷却并捕捉原子的方法而获1997年度诺贝尔物理学奖；实验物理学家崔琦发现量子在强磁场中及在极低温下产生新量子流体，他将电流在磁场中的量子现象引入新的领域而获1998年度诺贝尔物理学奖。这6位科学家是全球中华民族的骄傲。

“文明历史主要就是人类创造力的记录”。这是大半生从事人类创造力研究的美国亚历斯·奥斯本博士的论断，我们从中可以为寻求答案引发一点启示吧！

杨振宁博士曾做过这样的对比:“中国留学生学习成绩比一起学习的美国学生好得多，然而10年以后，科研成果却比人家少得多，原因就是美国学生思维活跃，动手能力和创造精神强。”中国学者詹光明、郁慕铺等认为传统的思维方式是一大障碍。西方科学界有着良好的“求异”传统，他们总是刻意求新。而中国传统文化强调“守一”，表现出封闭、保守，严重地抑制了人们的创造性。换句话说，中国传统的思维方式在某种程度上扼杀了创造力。

人类创造力是逐步形成，不断发展的。从个体而言，创造力是人皆有之，可是创造力的高低却不同，先天的天赋固然给创造力奠定基础，是创造力形成的一个重要因素，可是后天的学习、训练、开掘以及环境的作用，才是创造力泉涌、勃发的决定性因素。因此，创造力的形成和提高必须在创造活动中酿成。

历史的经验和教训无不告诉人们，创造力是一个国家兴旺发达的不竭动力。培养、开发民族的创造力则是一个国家在国际竞争和世界格局中的关键因素。

因此，第三次全国教育工作会议已明确提出，教育必须转变那种妨碍学生创新精神和创新能力发展的观念、模式和制度，要下功夫造就一代能站在世界科学技术前沿的学术带头人和尖子人才，以带动和促进民族科技水平和创新能力的培养。

作为一位普通的教师，应面向未来，全力投入创新人才的摇篮工程，在中学教育阶段为呼唤创造力而创造性地工作，从课堂教学、第二课堂、“创造学”课程等多方位渗透创新教育，让学生在学习科学文化知识的基础上，用创造心理、创新思维和创造技法武装自己。从教育的各个环节去追求学生的创造力。

## 二、知识经济与物理创新教育

### （一）创新是知识经济的内核

21世纪，将是一个知识经济时代。所谓知识经济，由联合国世界经济合作与发展组织（OECD）做出的定义是，“以知识为基础的经济”。就是说，经济增长直接依赖于知识、信息的生长、扩散和使用。这里所说的知识包含以下 4 类。

事物方面的知识，即知道“是什么”（Know-what）；

自然原理和规律方面的科学知识，即知道“为什么”（Know-why）；

做事的技能和能力方面的知识，即知道“怎么做”（Know-now）；

有关知识在哪里的信息，即知道“知识是谁，谁有知识”（Know-who）。

前两类知识是属于可以方案化，可以编码的知识，是明确的知识，即显性知识，可以通过阅读、参加会议、上网查阅数据库获得。后两类知识是属于难以量化、不能文字化、信息化的知识，是更加含蓄的知识，即隐性知识。这也被称为诀窍类知识，它们不是信息，难以通过正式的信息渠道转让，而是必须通过社会实践，或“师徒”相传，或在与顾客、客户、供应商、高等院校、研究所等机构的接触中获得。

知识经济时代对教育挑战，因为后两类知识长期以来一直在中小学教育中受到不同程度的忽视，现行教育鲜能涉及这两类知识。如果我们的教育不进行全方位的变革，那就无法完成时代赋予我们的使命。

同时，前 4 类知识中，无论是哪一类，都不断面临新问题、新情况、新思路，都必须深化和丰富自身的理论体系，都需要在知识信息的获取和应用中创新。

在知识经济时代，知识是生产的最主要要素，超过资金、物质，包括设备、能源、原材料等生产要素中的最重要的资源。其产品具有高科技性、知识密集型、技术密集型、智慧创新型的特点。比尔·盖茨的成功，被视为知识经济时代到来的标志。他的微软公司一张视窗 98 软件，物质成本仅有 3 元，然而售价可达 8000 元。可见，知识经济中的知识再不是存放在大脑和书本上的原始知识，而是资本化了的知识，即经过人的参与、发现、使用和创新，最后推向市场的已经是创新的知识。

另外，当今人类知识又急剧增加，呈现每 20 个月人类知识翻一番的惊人景象。

知识经济在向人们展示着一个永恒的主题——源源不断的人力资源的创新、创新、再创新，故有人称知识经济为创新经济。可见，“创新是知识经济的内核”。

### （二）创新教育是素质教育的精华

知识经济已初见端倪，21 世纪的竞争愈加激烈。说到底，竞争的焦点在于国民创造力的竞争、创造性人才的创新速度和效率的竞争。毫无疑问，人才的培养和教育，极大地开发人的创造力、培养人的创新素质，这已成为极为突出和迫在眉睫的问题了。

1999 年中共中央、国务院《关于深化教育改革全面推进素质教育的决定》强调，全面推进素质教育要以提高国民素质为根本宗旨，以培养学生的创新精神和实践能力为重点。这就标志我国教育改革和发展进入一个创新阶段。

素质教育是面向全体学生，注重学生德、智、体、美、劳诸方面和谐发展的高质量教育，高质量教育的核心在于学生创新精神和实践能力的提高。

创新教育正是以培养人的创新精神和创造能力为基本价值取向的教育实践，它是以发掘人的创造潜能，弘扬人的主体精神，促进人的个性和谐发展，为学生将来从事创新性劳动奠定良好的基础。创新教育是素质教育的组成部分，并且是素质教育的精华。

因此，创新教育是素质教育的最佳选择，我们应当，更新观念快起步，教改深入跨大步，抓住创新迈新步。

### （三）物理创新教育

以物理学为载体，以物理教育活动为渠道所进行的创新教育，简称为物理创新教育。

在整个物理创新教育活动中，始终让学生主动获取知识，同时注重培养学生具有创新意识、创新精神和创造思维、创造能力及德智体美劳诸方面的素质，使之得到全面发展，为成为创新型人才打下坚实的基础。

物理创新教育就是创新型的物理教育，是创新教育在物理学科教育中的体现，它具有下列特性。

（1）面向性。物理教育面向现代化，意味着物理教育思想和观念现代化，应当把物理教育目标定位在为新时代培养更多富有创新精神和创新能力的合格人才。为此，物理教育应迅速挣脱"应试教育"的羁绊，自觉摒弃不符时代要求的条条框框，名副其实地从"应试教育"转向"素质教育"的轨道上来。物理教育面向现代化，也意味着教育内容现代化。现行中学物理教材的内容95%以上是100多年前的知识，这种状况不利于创新人才的培养。实践中，应当适当增加近代科学技术最新成就和反映科学技术前沿的新内容。如现代相对论、现代空间技术、新型半导体材料、新型合金、空间育种、光纤通信技术、哈勃望远镜与火星的登陆等。这必然会有效地扩展学生视野和发散思维空间，不断完善学生的智能结构和物理思维。物理教育面向现代化，还意味着教学方法和手段的现代化。教无定法，但面对同一对象，一个教学课题总有一个最佳的教学方法。创新教育中的创新性教学模式也很多，但在特定的环境中，总有最有效的模式。因此，需要用现代创造学理论去研究教法。同时引入现代教育技术，让学生借助多媒体技术，生动、主动、多方位、大容量地获取信息。

物理教育面向世界，意味着物理教育要认真借鉴发达国家的经验。比如说，面对知识爆炸，科学技术和生产的飞速发展，教育表现出一种特有的滞后效应。因此，针对滞后效应，我们要转变教育思想，拥有超前意识，重新考虑学生的智能结构。发达国家比我们先行一步，如何适应知识经济时代的需要，去转变教育思想，去更新教学内容，去改革教学方法。发达国家的经验值得借鉴。例如，发达国家在物理教材改革中，增加实际应用方面的技能和方法，这有利于学生毕业后进入实际工作部门，既能较快适应工作，又表现出很大的创造潜能。发达国家把现代科技成果和创造发明充实到教学内容中，推动教材的高层次改革；世界物理教学改革展现了综合化发展的趋势，美国有些中学开设普通物理；在教学方法的改革上，美国强调科学方法的教育、法国提倡活动教学法、日本提倡探究式教学法等。所有这些，都为我们借鉴和创新提供了参照。

物理教育面向未来，意味着应着眼于未来的发展，把学生培养成为富有创新精神和个性特长的和谐发展的“四有”新人，为他们将来成为各个领域不同类型的高层次人才打好全面的素质基础。

未来知识经济时代所需要的人才，应具备更多更强的开放性、创新性、独特性和进取心。这就需要物理教育在有利于学生全面发展的前提下，不仅给学生打下系统、扎实的物理基础，而且是纵横交错其他科学知识的物理基础。教学方法上，既面向全体，又因材施教，让不同层次的学生都掌握学习的主动权，以促使学生特长爱好和创新能力都得到充分和自由的发展。

（2）主体性。学生是学习活动中不可替代的主人，学生是物理教育活动中的主体，教育中坚持落实学生主体地位，这就是物理教育创新所表现的主体性。

建构学生的学习主体是培养和激发学生创造力的前提和基石，塑造主体是我们教学的主要目标。

首先，让学生主动学习。经济合作与发展组织（OECD）《以知识为基础的经济》的报告中已指出的4类知识，我国中学物理教材中，主要是前两类，是显知识或称之为硬知识。而后两类所谓隐知识或称之为软知识，在“应试”中难以书面考核。因此，教学中不被重视，冷落在一旁，其结果恰恰丢掉了培养创造力的知识，毁坏了学生的创新型知识结构。

即使是享有重要位置的显知识，物理教育中所呈现的方式，也多是教师按教材教，学生照课本学，教师依“教参”组织教学，学生按指导书做题巩固。最后，不管是“灌”还是“填”，只求把学生“教会”就算完成任务，这样做同样会使学生的创造力枯竭。

更新的知识观，应当是极大限度地调动学生学习的主动性。提供给学生的知识信息源应由单一性转向多向性，由封闭性走向开放性。让学生多一点接触社会和计算机网络中丰富信息源的机会，他们就可主动探索、寻找、筛选。这样，学生拥有的知识，不仅有深度、有广度，而且能拓宽知识层面，打破物理框框，综合获取和运用新知识，即为学生应用拥有综合化的知识。

其次，让学生真正成为学习的主人。尊重学生，信任学生，让学生生动活泼地学习。物理教育给学生创设一个宽松的环境，既注意培养“全体”，又关心“个体”，既面向“共性”，又关注“个性”。特别是那些敢于提问，常常发表与众不同观点的有创新个性的学生，给他们一个大自由度的空间、一个宽松和谐的环境，让他们得到充分发展。

（3）创新性。在学习物理知识的同时，让学生学习一些前人在物理学这座宏伟的建筑中，是如何发现、如何研究、如何创新的创造思想。要培养学生的创造智慧，就要不断地在创造性活动中点燃他们的创造火花。

物理学家的成功之秘诀，归纳起来，除了有一个良好的创造环境，还需必备高尚的创造心理、可贵的创造思维和智慧的创造技法。

（1）高尚的创造心理。物理学家在科学探索的道路上给人类伟大贡献之日，正是他们创造性劳动结晶之时。而创造性成果获得的前提在于他们拥有高尚的创造心理，包括浓厚的兴趣、执着的追求、纯正而强烈的动机、健康的情绪、创造的个性等。

以发明大王爱迪生为例，他一生中有据可查的发明达 1328 种，平均每 15 天就有一种发明贡献于人类。

爱迪生从小就在母亲的教育下，养成好看、好问，勤于思考的好习惯。“学鸡孵蛋”的故事广为趣谈。爱迪生进小学后，仍是勤学好问，一次老师讲到 2+2=4 时，他提出为什么 2+2=4？为此，老师骂他是“不折不扣的糊涂蛋”。爱迪生竟然因此而遭辍学，此时他只上了 3 个月的小学。辍学后，是他的母亲成功的教育，领着爱迪生走向自学的道路。爱迪生通过读书、实验，学完大量基础知识及科学家、发明家传记，使得他对物理、化学产生浓厚兴趣，竟然在家里地下室建起小小实验室。

12 岁后，他边打工，边研究，边实验，多次遇上失业、挨打，可是爱迪生百折不挠。例如，他为了寻找适当材料来制作白炽灯的灯丝，一年中，他竟找了 1600 多种耐热材料做试验。每天他工作 20 小时，有时甚至连续工作 36 小时，最后获得成功。他说：“天才是百分之一的灵感加百分之九十九的汗水。”

（2）可贵的创造思维。法拉第（1791—1867）是 19 世纪英国伟大的物理学家，给人类做出了划时代的贡献。

1820 年，丹麦物理学家奥斯特（1777—1851）发现了电流的磁效应。此后，法拉第仔细分析了电流的磁效应。通过思维认为，既然“电能产生磁”，那么“磁也能产生电”。这种思维就是创造思维中的逆向思维。怎样利用磁体使导线中产生电流？这一问题成了不少物理学家所探索的目标。但在相当长的时间里，却得不到预期的结果。然而，法拉第经过 10 年坚持不懈的努力，把产生感生电流概括为 5 种情况，即变化着的电、变化着的磁场、运动着的稳恒电流、运动着的磁铁、在磁场中运动着的导体等。在研究过程中，他运用了发散思维，集中思维等创造性思维。

如何表述上述磁转化为电的“电磁感应”现象呢？法拉第有着非凡的想象力，创造了用力线的图示来表述的方法，并于 1837 年提出电和磁的周围存有“场”，从而引入电场和磁场的新概念。法拉第用直观而形象的图示所描述的力线，是近代自然科学中的一个创见，是创造思维中形象思维、抽象思维的结晶。

（3）智慧的创造技法。英国科学家牛顿（1642—1727）通过天文观测和数学推导，论证了万有引力定律，但是，这一定律是否适用于所有物体呢？就是说一般物体间存不存在这种吸引力？

由于一般物体间的引力小得难以觉察，如何用实验的办法测一测它的大小，难度太大了。然而，英国物理学家卡文迪许（1731—1810）创造了一个扭秤实验，巧妙地解决了这一难题。扭秤实验装置如图 3-1 所示，M 是固定的铅球，m 是安在 T 形支架端点的铅球，T 形支架由石英丝悬挂着。实验时，将 M 调至与 m 间距 r 小到一定时，由于吸引，载有 m 球的 T 形支架稍有转动后平衡停止，由于吸引力太小，T 形支架转动微小角度，不易觉察。卡文迪许在悬线与支架间安放一小片平面镜，且让一束光线射向小镜，光被反射后其光斑落在一刻度尺上。即使当 T 形支架微小转动，悬线也微弱扭转，然而，光斑却十分明显地在刻度尺上移动。实验者根据测得数据计算，进行定量研究。阳光射在平面镜上，若镜面略有翻动，经平面镜反射的光斑在天花板上就有大幅度晃动。这一司空见惯的现象，竟然被卡文迪许用来解决显示微小形变的难题。这种创造技法实在是妙！

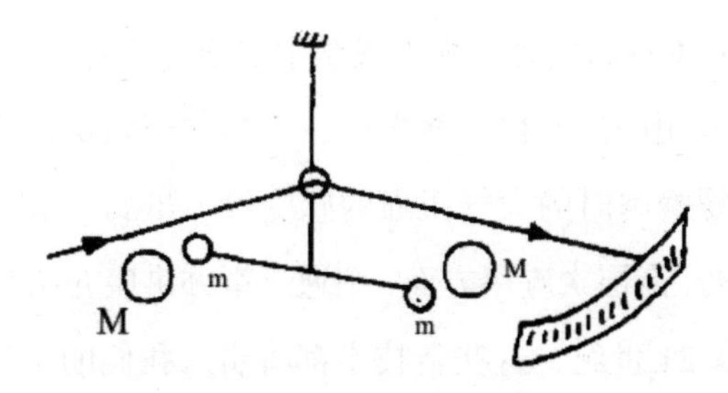


图 3—1 扭秤实验装置

物理教育的过程，是教师创造和使用最新颖的、最富有高效的方式和方法，启发学生进行创新学习的过程。从而在学生学习物理的同时，提高他们的创造心理素质，训练创造性思维方法，并学习创造技法。

## 第二节 物理教学中学生创造心理的培育

创造心理素质与创造性思维一样，都是构建创新型人才的要素，甚至前者是后者的前提。然而，人们往往比较重视创造性思维，而忽视创造心理素质。

创造心理素质包含创造心理的基本素质和高层素质，它是一种创造性的心理现象，即创造的兴趣、创造的意志、创造的性格和创造的情感。

物理教育中，需要通过德育场的功能，从创造心理基本素质的提高，到创造心理高层素质的训练，全方位地培养学生的创造心理。这里以培养学生创造动机为例加以说明。

（1）培养创造心理的基本素质，使学生爱文明。后进生的转化工作，也是学科教学中德育渗透的一个重要内容。教学实践中，有两类后进生：一类是懒惰厌学；另一类自卑自弃。此两类情况，久而久之，会导致学生思想道德严重滑坡，这在精神文明建设中不能简单处置，追踪其原因是他们严重缺乏基本的创造心理素质。

物理教学中，有着许多帮助学生树立基本创造动机心理素质教育的“良方”，科学家对科学锲而不舍的精神、高尚的品质，都是提高基本创造动机的非常宝贵的财富。

在物理教学中，不断地、经常地用众多物理学家的精神熏陶学生，把所授的知识、培养能力同陶冶情操结合起来，使后进生逐渐树立创造心理基本素质。创造学告诉我们，基本创造心理素质的培养，不仅是中学生获得知识的心理基础，也是培养学生高尚道德、思想、品质的良好心理基础。

（2）培养创造心理的基本素质，使学生爱物理。兴趣是最好的老师，教学中坚持培养学生创造的基本动机，以达到使学生喜爱物理的目的。

如何培养学生的基本创造的动机呢？教学中实施的主要有如下三个方面。

①利用物理知识应用的广泛性。教学中，介绍物理知识的广泛应用。如电灯连接、电度表的安装、吸吮螺蛳肉时的大气压强的感受等，虽属一般生产、生活中的应用，但使学生形成直接性动机。高层次应用方面，则通过举办讲座介绍超导现象、原子能的应用、激光等近代物理知识。21 世纪，这些新技术都将步入我们的工作、生活，使学生领悟到学习物理知识不是无用，而是大有用武之地。

②通过兴趣不断激发。学习兴趣是学习动机中最活跃的成分，是使学生乐于去获得知识技能和不断探索、发现客观规律的一种宝贵的心理因素，尤其是对难度大的教材更应通过激发兴趣来培养动机。

③用教师的热情感染。因人施教、感情潜入，以情动情，课内课外相结合，长期坚持，学生则“亲其师而信其道”，学生爱物理则为必然结果。

（3）培养创造心理的高层素质，使学生爱创造。创造动机是创造活动力量的源泉，培养21世纪的创造型人才，十分重要的是极大限度地提高青少年的创造活动力量。因此，爱文明、爱物理，这还不够，这只是培养学生的创造心理基础素质所要达到的目标。我们还应注重的是培养高层的创造心理素质，充分利用物理教学这一块天地，来激发学生去爱创造，使学生有浓厚的创造意识和饱满的创造精神。

①借物理学中的创造故事来强化学生的创造意识。创造活动的特点是创新，创新的道路上充满艰难和险阻，需要人们坚韧不拔的顽强创造意志，这种创造意志的特点表现为目的性、顽强性和自制性。

在大气压教学中，表演“马德堡半球”时，教师自述，实验的创造者格里克，在战争创伤十分严重百废待举的条件下，身为马德堡市市长，又要自己种田，还不忘研究自然科学，表现了非凡的创造意志。终于在“真空”这一重要课题上取得卓越成就。“马德堡半球”是他精心创造证明大气压存在的实验，其创新之处就在于简单明了，生动有趣。

教学中，不是平铺直叙地介绍马德堡半球实验，而是引导学生领悟物理学家创造火花的绝妙。同样，阿基米德为完成国王交给的鉴别王冠含量的难题如痴如呆地研究，竟然在浴盆里洗澡时发现了浮力，而欢喜若狂，顾不上穿上衣服就奔出浴室报喜。此后，又通过长期的实验和反复的研究，寻求浮力规律。这一故事表达了人们一旦有了强烈的创造动机便迸发出强烈的创造意识，使学生得到潜移默化的创新教育。

②借物理规律来揭示激发创造的欲望。学生的创造欲望是一种强烈的内心动机，教学中，创设一个物理学习中的“创造”氛围，激发他们的创造欲望，引导他们自身去发现规律，试图去创造、创新。

在学习电动机之后，可以向学生提出：“能不能制造出由机械能转化为电能的机器？”在学完“电流的磁场”后，让学生明确，电可以转化为磁，那么反过来，磁是否能产生电呢？

诸如此类的问题，学生是很难自己给出答案，除非有超前的学习和课外科技阅读，一般只能望尘莫及。教师在教学的过程中，向学生交代物理学家发现、创造的经过，并介绍他们付出的艰辛。如前述的“焦耳定律”的发现花了40年，“转磁为电”的创造花了10年的时间，等等。可见，揭示物理规律，就要有所发现、有所创造，创造欲望是前提，知识水准和创造的活动力度是关键。

物理教学中还有许多是比较简单的问题，属于学生“跳一跳，够得着”的创造问题，可以让学生形成悬念，唤起创造。随着教学的深入，有的学生创造性的答卷被检验是正确的，这时他们将得到一次创造的快慰。对思考不正确的学生，也得到一次鞭策和激励。这样，学生在学习物理的同时，更爱创造。

③借物理实验与实践来升华创造的动机。物理教学要以实验为基础，在此基础上提高动手、探索的实践能力，这有助于学生创造心理的升华。

## 第三节 物理教学课题的创新性设计研究

现代教学论认为，课堂教学应促进学生的全面发展。为此，教师在课堂教学中，需大胆革新传统的教学方式，除了传授知识外，还必须大力弘扬学生的主体意识，唤起学生探究知识的欲望，为学生营造一种民主、和谐、生动活泼的课堂氛围，进而让学生积极主动学习，全面提高课堂教学的效率和质量，培养出适合21世纪的高素质的创新型人才。这一目标的实现，必须使每一节教学课题的教学都体现这一总体思想。而创新性设计如何落实在课题中，这正是教学的关键。

### 一、创新性教学课题设计的原则

创新性教学课题设计，需要遵循下列原则。

#### （一）启发原则

启发式教学是现代教学中最显著的特征。因此，在教学课题创新性设计时，启发原则成了首先考虑的重要原则。

启发的基本精神是根据辩证唯物主义认识论，从教学的课题内容和学生实际出发，选用各种适合的方式方法，调动学生的主动性、积极性，帮助学生“发现问题—提出问题—剖析问题—解决问题—发现新问题”。教师作为教学的组织者和学生学习的帮助者，始终与学生心智相通，不断创设引导探究的情境，包括多媒体作为认知工具引入课堂。让学生大胆质疑、运用“脑、手、眼、口、耳”“全频道”式输入，主动获取知识，培养能力。

教师在组织教学的过程中，始终贯穿“启迪思维、调动参与、主体主动、求新求活”。

#### （二）结构原则

教材中的每一个课题，都有它一定的知识结构，即环绕某物理概念或规律的知识网，如同树枝网状结构，把主、次、重、难知识联系起来，教师如何引导学生由点及线，又由线及网地去延伸知识的认识呢？又如何由局部到整体，掌握完整的知识呢？

教师教学的重要依据是面临学生的认识结构，即他们的知识基础、智力品质和非智力品质的概貌。智力品质包含学生总体的观察力、注意力、想象力、记忆力和思维能力等。非智力品质包含学生总体的动机、兴趣、情感、意志等。教学中必须考虑这些因素，既面向全体又注意个体，选择一条最佳教学程序，把整个教学调整到上述两种结构所吻合的方向上前进。

### （三）情境原则

创设一个提供学生学习的创新性学习的教学情境，这里指的教学情境，包括课堂教学的组织形式，教学方法的安排和处理、教学仪器的选择和使用方式，现代信息技术的编排展示，师生关系的处理等创新性教学情境的构建，将推动教学能引人入胜地、和谐自由地进行。我们所争取的不只在教学的结果，而在于追求知识的过程。因此，情境的设计起着“导航”的作用。

其实，这里的情境还包括课堂中的德育场，涉及精神氛围、校风和班风等。因此，坚持情境原则就是不能窄化教学内涵，而必须从德、智、体、美、劳诸方面的协调中建立新的教学观。

### （四）探究原则

探究包括探索和研究，是一个边观察、边思维的过程。教学课题设计所遵循的探究原则，指的是设计一种教学情境，让学生从新课引入就进入“观察事物、探索规律、思维加工、求索新知”的状态，教学深入的过程中，仍需想方设法使学生学习的内动力在充分激发后，还保持主动参与的积极性，从而不断提高学生发展性和创造性学力。

教学过程中，学生思路开通，产生各种疑问和设想，并敢于质疑。问则疑，疑则思，多疑善问，才能多思、深思。当教学情境变换时，学生随即独立探索，随机应变。整个教学过程，成了学生不断认识、追求、探索、发现和自我完善的过程。

### （五）创新原则

在教学方法上，教师要采用启发式的教，学生要采用探究式的学。教师在传授知识的同时，还要让学生掌握知识创造的规律，练就发现和获取知识的能力。

在教学内容上，介绍物理学家的创新思想和创新逸事，不断激励学生的创新思维，不断激发学生的想象力和创造力。

在指导学法上，今天再也不能满足于学生“学会”，更要引导学生“会学”，“会创新性地学”。在知识经济初见端倪的时代，课堂教学课题设计尤其需要重视培养学生的创新意识和创新能力。教材中，那些束缚学生思维的僵化的内容和按固定框框炮制的陈旧的思考题、练习题，统统予以更新。用创新思维设计教学课题，提倡学生标新立异，鼓励学生在学习方法上的创新，即使所采用的方法并不是新颖的方法，但对他来说是自己总结出来的首次使用的方法，也是思维的闪光点，是一种创新，也应当予以肯定。

### （六）差异原则

为了加速培养高素质人才，世界各国都在注意学生个别差异，因材施教，采取各种措施加强个别指导。突破传统教学方式，用个性化或个别化教学形式和方法替代或部分替代集中性教学。

我国传统的“一刀切”的教学，学生在同一条起跑线上，同步前进。一把尺子度量，动辄用考试成绩排行榜来鞭策，所有这些，其结果必将走向反面。因为学生间在认知能力与认知特点方面存在个体差异，教师对学生最终认知目标的要求及检测标准仍是划一的，由于异步而导致“好中差”的分类，处于暂时后进层次的学生心理压力很大。强求划一，往往压抑学生的主体性的发展，甚至造成创造能力的扼杀。应当看到，过分统一，缺乏个性，已经成为目前基础教育的一个弊端。

教学设计应当注意，共性教学面向中等学生为宜，教学要求的尺度上根据大纲定一个最低要求，以保证“面向全体”，创造主动发展的机会。对于那些知识的难点、分化点，采取异步要求措施、分层辅导、个别点拨、分类测试。教师在课内外恰当时间以适当方式为学生提供帮助，使每个学生的潜能都得到长足发展，以适应个体差异性的需求，从而把各层次的学生培养成社会所需要的各种人才。

### （七）合作原则

教育学生学会合作，已经成为21世纪世界教育的重要目标。因为当今世界已经不存在孤立、自足的国民经济体系，人的活动有强烈的社会性，社会的发展，更需要依靠群体的合作。所以，教会学生学会合作，特别是处理好竞争与合作的关系，对于21世纪我国的繁荣和发展将具有十分重要的意义。

然而，我国小农经济对文化心理根深蒂固的影响，“应试教育”又对青少年滋生扭曲的竞争意识，造成合作精神和合作能力的缺乏。教育学生学会合作，就显得更加迫切和重要，在教学课题创新性设计时，“合作”必须成为一项坚持的原则。

我们应当创设灵活多样的情境，或分组讨论、分组实验、小组调查、小组竞赛、小组激励等课内外学习的集体活动，教会学生正确处理好各种人际关系，与人共事不能只看到自己，应相互尊重、相互依靠，并建立良好的互助合作关系。不断培养学生的集体主义精神、团队意识、组织协作能力。

### （八）宽容原则

很多学者研究发现，那些培养出有高创造力的学生的教师，在创设学生成长环境方面，都具有教育民主、善于启发学生思考、不搞权威式教学的特点。

“生命只有在自由中才能开出鲜艳的花朵”。课堂教学无论采取哪一种教学方法，都要创设一个宽松、民主的教学环境，作为教师应当在课内外充分发挥情感在学生内化过程中的核心作用，自觉废止家长式的教学管理，创造民主、平等、融洽的师生关系。尊重学生，特别是对于与众不同的、敢于质疑、观点异样的学生，更应关心。对他们的思维结果延迟评判，就是对学生的创造性宽容。“晓之以理，动之以情”，对学生既严格又宽容。

这种教学环境的宽容，不但有利于学生良好品德的形成，而且有利于学习后进的学生不断增强自信心。让学生在教学中有自由的思维空间，各层次的学生各得其所。宽容的环境使学生的禀赋和潜能得到充分开发，从而激发全体的创造力，产生创新的推动力。

### （九）实践原则

“实践是检验真理的标准”。物理教学同样要坚持“实践第一”。无论是物理概念、原理、规律的教学都需要理论联系实际，以实验为基础，与工农业生产实际、科学技术的发展和生活实际紧密联系。这样，学生学习的物理知识才不会是无源之水，而是与实际相通的活水。

学习与实践紧密联系的理论知识显然重要，然而更重要的是在教学中想方设法增强学生实践能力的锻炼。例如，加强思维实践，包括运用物理规律和运算工具去解决问题的解题实践，解决实际问题的分析、设计、规划实践。加强动手实践，包括各类实验的观察、动手操作的实践，甚至排除各种实验故障的实践，还有联系生产生活和科技的物理知识运用的实践。加强社会实践，包括到社会大课堂、大自然中去进行调查、研究，开展活动，进行协作、创新的实践。

## 二、重在能力的培养

我们做教师的常碰到这种情况：学习成绩好的学生，对教师的教学能“举一反三”，学习后进的学生只能“闻十知一”。随着教学的不断深入，差距越来越大，这是何故呢？

以往总认为是学生知识掌握不牢，或者教师传授知识有漏洞，忽视从培养学生能力方面去追究原因。

经验和教训告诉我们，教学过程是教师帮助学生掌握知识的过程，同时也是培养学生能力的过程。我们应把发展能力作为教学的着眼点，从发展能力出发来传授知识，这才是提高教学质量的根本途径。何况，物理学的知识浩瀚无际，课堂传授的知识只不过是“沧海一粟”，远远满足不了学生将来的需要，可是蕴藏在基础知识之中的能力所发挥的作用却是无量的。因此，教师再不要只满足于交给学生“鱼”，而要赶快交给学生“渔”。

这里所说的能力，包括敏锐的观察力、深刻的记忆力、集中的注意力、丰富的想象力、敏捷的思维能力……所有这些能力，都是创造力的源头。因此，教学课题创新性设计的主导思想是重在能力的培养。

### （一）激发学生的求知欲是培养学生能力的前提

爱因斯坦曾经说过，“热爱”是最好的老师。教学中，学生对物理课若有浓厚的兴趣，听课才会聚精会神，思考才有可能锁眉机灵，一切教学活动才有可能处在积极、主动的状态。平时不是经常看到一些学生钻劲大到废寝忘食的地步吗？可见，求知欲产生的推动力是巨大的。

那么，求知欲从何而来呢？需要激发才能产生。

首先，应帮助学生明确学习的目的。除了在课内教育，在课外还可以采用参观、电影、多媒体等形式，开阔眼界，使学生了解物理学在祖国建设中的重要作用，还可以通过科技活动、物理讲座、科学家生平介绍等活动，激发学生学习物理的兴趣，从而使学生产生强烈的求知欲。

其次，从学生的实际水平出发，掌握教学的深度和进度，使成绩好的学生不“乏胃”，使程度差的学生不“翻胃”，让学生保持旺盛的求知欲。

“从学生的实际水平出发”，这就要求教师深入了解学生，熟悉每个教育对象，不仅熟悉学生的知识水平，而且要了解学生的各种能力，力求做到对全班认知结构概况心中有数。例如，在总复习中，教师发现学生受力分析、功能及动量部分，概念不清、漏洞较多，于是这些部分的复习就需细一些、慢一些，在教学总目标不降低的条件下，采取欲高先低的做法。

### （二）精心设计教学内容，提供发展学生能力的坚实基础

知识是能力的基础，无知必然无能。要使学生能力获得良好的发展，精心设计教学

内容是教学的中心环节。这里需要考虑两个方面。

第一，要注意引导学生在物理学习中，由片面到全面，由外部到内部，从现象到本质，在学生的头脑里建立合理的物理模型。

第二，要深入挖掘教材中反映知识内在联系的各种内容，使知识系统化。

### （三）讲究教学方法，架设培养能力的桥梁

知识的传授、能力的培养，首先要通过课堂教学进行。精心设计的教学内容，最后还得在课堂教学中落实。为此，要讲究教学方法，实行“启发式”教学。例如，“楞次定律”一节的教学，可从4个方面努力，实现这一目的。

第一，除了认真做好教材中的楞次定律的演示实验及学生的分组实验外，教师还可自制“电磁动演示仪”，演示仪可以表演电动、发电，可以从外接电流计指针的偏转方向来观察磁场中线圈转到不同位置时感生电流的方向。演示时，让学生带着问题观察，运用右手定则及楞次定律判断感生电流方向，并将判断结果与观察对照。学生在反复观察、判断、比较中，既逐渐掌握楞次定律，又不断提高观察力和分析力。

第二，从实体抽象到示意图，让学生反复比较线圈在空间的实体位置与图示画法，不断提高学生的空间想象力，使得学生对示意图做到会看、会画、会分析。

第三，通过一些实例分析讨论。开始可举那些既可以用右手定则，又可用楞次定律判断的例子，随后重点放在用右手定则难以判断，而用楞次定律很易判断的实例。

第四，在理解的基础上，将规律编成口诀，帮助学生记忆。左、右手定则是学生在初中学习的，印象淡薄了，而楞次定律文字简练，学生不易理解，教师除了对楞次定律中判断I感的步骤做详细讲解外，并编成易于记忆的口诀，即“电动‘左’，发电‘右’，还有判断I感三步骤”，使学生的记忆力得到有效的训练。

教学方法上，还要注意有形象准确的教学语言，清晰合理的板书设计图，文句、音响并茂的课件创作等，这些对教学质量的提高都起着积极的作用。

### （四）把握“练”的尺度，在“练”中发展学生的能力

练，不但使学生的基本概念和基本理论得到运用和深化，而且使学生的各种能力得到考核和提高。物理课中练的形式很多，主要形式有两种。

练的一种形式是解题。目前比较普遍的做法是搞“题海战术”，想以多取胜，以难取胜，结果是学生忙于应付题目，哪里谈得上消化？哪里谈得上思考？因此，布置题目要适量，要有代表性、富有思考性。学生很怕选择题，他们反映，把韭菜、小麦、葱和草放在一

起去识别出韭菜，这类题伤脑筋，表明学生基本概念不清，缺乏一定的分析、判断能力。我们筛选题目就要针对学生的知识缺陷，要有利于学生掌握基础知识。教学中，不要引入计算过烦的题，也不要过早引入难题，否则，学生会望“物”（理）生畏，丧失信心。例题要富有启发性，应考虑“一题多解”，使学生触类旁通。

练的另一种主要形式是实验。跟解题相比，人们往往是重解题，轻实验。其实，实验是物理教学的一个重要手段，它的意义不仅仅在“验证”规律，加强直观性，而更重要的是通过实验培养学生的观察能力、分析能力，以及抽象思维能力。分组实验还可以培养学生动手的能力。因此，大纲规定的分组实验要尽可能做，让学生人人会做。实验中要求学生做到“五会”，即会预习、会操作、会原理、会排除故障、会作实验报告。

解题也罢，实验也罢，对于学生中存在的共同性问题，或者有典型错误，或者有所创见，教师都要进行针对性的评讲，学生印象深刻，收效才会显著。

## 三、从“多重启发式教学”看教学课题设计的全过程

### （一）由薄到厚

经验表明，只有启发式教学，才能培养创造型人才，教师在课堂的每一环节上怎样充满启发呢？比如说教师的发问，如果问：“什么叫动能？”问题显得呆板教条，难以激起学生思维的浪花。如果问：“纯电感电路为什么电流的相位比电压落后呢？”这类问题超出要求，学生感到高而难攀。他们思维的积极性反而会被挫伤。可见，发问也未必都能使学生得到启发，课堂上的其他启发性活动也是如此。因此，我们从试验认识到使课堂教学真正以学生为主体，启发学生思维，教师必须首先要做到“二熟”。

#### 1. 熟读教材，研究教材的知识结构

粗看起来熟读教材似乎是新教师的事，其实，无论是新教师还是老教师这都是教学中的十分重要的一环。教师虽然教学多年，可是教材中不断出现新知识，如闪光照相、电视原理等，教师本身的知识迫切需要更新。教学涉及的物理学史，过去我们并没有引起重视。而这方面内容，在教学中不但可以激起学生的学习兴趣，而且科学家的研究方法和精神也会感染学生。因此，教师就必须首先扩大学习，围绕教材将知识加深加宽，接受继续教育。

当然，熟读教材更深入的工作在于剖析教材。研究教材的主干是什么？全章或每一节教材是如何安排的？教材前后又是怎样联系的？重点在哪里？难点在哪里？一个单元、一个节次的教材知识又是如何引申的，它在全章中的地位和作用等，摸清在一条主干上

怎样连接着许多主要和次要内容的知识之网，从而探索出教材的知识结构。同时，还要认真领会教材精神，努力发掘教材中培养能力的知识环节，从传授知识和培养能力这两个方面不断丰富教材的知识结构内容。

**2. 熟悉学生，研究学生的学习结构**

教材知识结构中的重点怎样突出？难点又怎样攻克？如果离开学生的实际，那只能是纸上谈兵。因此，必须熟悉学生、研究学生，学生的学习基础，对知识的认识能力、思维方法、学生心理特点等都是组成学习结构的因素，我们可以从中寻找学生学习的规律。他们的作业、实验操作与报告、提问与交谈、课堂讨论和考试，还有第二课堂中的活动表现等都是学生学习结构信息反馈的通道。教师认真处理所获信息，便可摸清学生学习的脉搏。在此基础上，对照教材的知识结构，落实重点知识如何突出的方案，确定难点知识如何攻克的途径。

在法拉第电磁感应定律中，对推导公式的理解是学生的难点，难在何处呢？根据学生的学习结构可知，原来学生的空间概念模糊，磁通量变化与磁通量变化率混淆不清。这是学生掌握公式物理含义的难点所在。那么如何攻克呢？我们从国内外其他物理教材和有关的杂志中，借鉴一些成功的经验，又面对自己的实际提出自己的做法：以实验为基础加强直观性。这里，我们利用废喇叭磁铁制成较大的蹄形磁铁，又用漆包线绕制成匝数不同的大小也不全一样的线圈，给学生创造实验的条件。在推导公式之前，可以让学生先从实验定性地发现感生电动势的大小与哪些量有关，并从切割磁感线的不同情况，看与线圈相接的电流计指针偏转角度变化定性地了解感生电动势与有关量大致成什么关系。然后再引导学生运用能量守恒定律推导定量关系，学生对公式的理解将会深刻。

接着将线圈在磁场中旋转，从与线圈相接的电流计指针偏转情况，很鲜明地区别磁通量变化和磁通量变化率，从而加深对推导公式的理解。这里，一方面通过实验，加强空间概念，扫除知识障碍；另一方面让学生从实验中发现规律，使学生得到一次科学研究方法的锻炼。

可见，教师只有既熟读教材又熟悉学生，才能将教材的知识结构与学生的学习结构有机结合，科学地处理教材。教材经过这样处理，教师心中拥有的再不是薄薄的几页纸了，已经变得厚实起来。这就是多重启发式教学的第一步，即把教材读厚，用数学家华罗庚的话来说，这叫作“由薄到厚”。

### （二）由厚到薄

教材经过“由薄到厚”的处理后，内容十分厚实，课堂教学的时间是有限的，如何将这样丰富的内容让学生获得呢？这就要迫使教师又要进行“由厚到薄”的处理设计，即再把丰富的教学内容进行加工提炼，融会贯通，以教材的最基本、最本质的东西为主干，根据学生的认识规律和教材中基本知识间的内在联系把教材的知识串起来，将教材的知识结构与学生的学习结构统一为几条鲜明的教学提纲。提纲中的知识被组织得相当精练，教法被安排得比较科学。这里以“自由落体运动”一节为例来说明。

遵照教材的安排，该节分为两大部分，即自由落体运动和自由落体加速度。第一大部分的教学提纲如下。

（1）下落物体运动的观察。①传统印象。（介绍 16 世纪前亚里士多德的偏见，并启发学生联系自己的习惯印象）物体越重，下落越快，即物体下落快慢是由物重决定的。②实验观察。在空气中，空气阻力小而可忽略时或空气对几个比较之物的阻力大致相等时，物重不同之物，下落快慢就几乎相同。（在教师的指导下由学生通过纸片、铁片下落的不同情况反复比较，探索规律。然后，用讨论法得出结论）

（2）何谓自由落体运动。①在没有空气的空间里，物体仅在重力作用下的运动。②物体从静止开始自由下落。（教师精讲或由学生阅读）

以上便是第一大部分的教学提纲，其核心是如何引入物体运动的研究，这一部分教学的关键在于做好教师演示实验和学生随堂的探索实验。

紧接着是第二大部分“自由落体加速度”，这里，首先就要提出用什么样的手段和方法来研究自由下落运动？进而通过所给的实验数据进行分析得出结论，围绕这个核心，将教材归结为下列教学提纲。

（1）研究自由落体运动的手段——闪光照相。这是利用遮光摄影的方法将小球的运动情况在感光底片上记录下每隔一定时间的一个不连续的影像。（用自制闪光照相的模拟教具和挂图说明）

（2）闪光照片的分析。①方法：选取计数相点，再将相点间隔编号，然后将测量数据填入表格分析。②结论：自由落体运动是初速度为零的匀加速直线运动，因为任意连续相等时间内的速度的增加都相等。（用讨论法组织教学）

（3）重力加速度。①含义：同一地点（纬度、高度都相同），一切物体在自由落体运动中的加速度都相等，这个加速度被称之为重力加速度。②讨论：重力加速度 g 的方向竖直向下，g 的大小一般取 $9.8m/s^2$、粗略计算可取值 $10m/s^2$。应注意：从赤道到两极，g 逐渐增大。（让学生自学、讨论得出结论）

（4）自由落体运动规律。①速度公式：$u=gt$。②位移公式：$s=1/2gt^2$。（教师与学生共同讨论得出）

上述是一个课时的教学提纲，由于教师已经对教材烂熟于心，对学生又了如指掌，所以提纲言简意赅。例如上述提纲中，关于研究自由落体运动的手段——闪光照相，只是很简短地附上一句话：用自制闪光照相的模拟教具和挂图说明。然而这里含蓄着丰富的内容，潜藏着教法上的艺术处理。教材上只用了闪光照相这一工具，但并没有介绍闪光照相。闪光照相究竟是怎样拍摄出来的呢？闪光照相是怎么一回事？课前我们对不同程度的学生进行调查，来自他们的信息可知，他们对闪光照相一无所知，至于闪光照片更是不明其义。就教材的知识结构而言，闪光照相只不过是一种研究运动规律的手段，对于全节而言，这是教材的枝节问题，教学可以不必过问。但是让学生割裂闪光照相去分析闪光照片，学生总会感到是在看“无源之水”，自然会影响对闪光照片的理解，因而闪光照相成了学生研究自由落体运动中的一个难点。

提纲中简短一句话，交代攻克难点方法，实际教学中如何处理呢？我们做了细微的设计，心想关于闪光照相，如果在课外进行一次真刀真枪的闪光照相实验表演，当然就理想了，可惜目前的实际设备有困难，不具备实验的条件，同时课堂教学时间不许可。于是迫使我们从实际出发想方设法，既能在很短的时间大致讲解闪光照相，又要考虑易于为学生所接受。于是，教师从有关的资料中得到启示，自制了说明闪光照相原理的模拟装置、照片和挂图。

由于提纲切合实际，所以行之有效。实践证明，这样设计的教学方案符合学生的认识结构，大多数学生能在课堂内 10 分钟左右的时间，基本上了解闪光照相的概貌，扫除获取自由落体运动规律的障碍。

### （三）由知到能

教学提纲的精神最终体现在于课堂，培养开拓创造型人才的关键在于教师。我们应当遵照教学提纲，得心应手地运用多种方法，把知识的传授与能力的培养交融在一起，使学生在课内学习知识的过程成为主动获取知识，增长创造能力的过程。简言之，这就叫作“由知到能”。

为此，根据中学物理学科的特点，应从两个方面努力：第一，用唯物辩证法贯穿整个教学。这不仅有利于学生牢固地掌握基本知识和技能，而且能促使学生辩证唯物主义科学世界观的形成，更重要的是教师用辩证唯物主义思想做指导，把整个教学过程组织成如何启发学生去追求真理的过程，使学生逐渐掌握认识世界的科学方法，不断培养主动获取、积极探索、大胆创造的能力。第二，教学以实验为基础。在原有的实验教学基础上，还要大量增加学生课堂小实验和课外实验，使整个教学逐步转移到以实验为基础的轨道上来。这不仅有利于物理概念的建立和巩固，而且可以激发学生学习物理的兴趣，更重要的是培养学生的思维能力、观察和分析能力、动手能力，以及得到如何通过实验探索世界的方法训练。

下面再以“自由落体运动”一节为例加以说明。

新课一开始，教师提出“不同物体的下落运动，情况是否相同”？让学生讨论，大多数认为物体越重，下落越快。此时，老师先演示从同一高度同时释放一块金属片和一张纸片，结果金属片比纸片下落得快，换用金属块和小羽毛重做一次，结果跟学生的错误印象相同，接着让学生自己做实验，实验现象无一不是证实传统的错误印象的正确性。

正当其时，教师提出“物体越重、到底是不是下落越快？”并立即表演钱毛管实验，由于课前将管已抽成真空，结果实验表明，铁片、软木塞、小羽毛同时落下。学生顿觉莫名其妙，让学生踌躇片刻后，教师把钱毛管置于竖直位置，抽气口朝下开启抽气阀门，只见进气把羽毛从下端吹飘上来，以示前次实验是在没有空气的情况下进行的，接着重做上述实验，铁块又先落下，这又是为什么呢？

现象激起学生的思维，这里我们让学生利用手边的纸片、铁片进行探索性实验，教师巡回指导，并让实验方法正确的学生进行小结，或者由教师总结，连续做几个探索性随堂实验。例如，首先，将纸片折叠成铁片一样大小或将纸片搓成团状，再与铁片同时从等高释放落下，二者同时落地。其次，用两块相同的纸片，一张平托手中，一张捏成瓦片形，竖直夹着，让它们从等高同时释放下落，再将两纸片对换一次实验，结果表明，平托纸片后落地。最后，教师简述或由学生阅读伽利略斜塔实验，学生牢固建立自由落体运动的概念，同时学生将自己的探索实验步骤与正确实验方法相对照，无形中得到实验研究与探索方法的训练。

一个矛盾解决了，新的矛盾又摆在面前，课堂上教师接着提出“用什么样的方法来研究自由落体运动？”“自由落体运动的规律是什么？”激起学生对本节第二部分重力加速度的研究。我们通过自制的闪光照相的模拟教具、挂图，使学生初步了解闪光照相的过程。通过对闪光照片的分析、列表、数据运算，使学生掌握研究自由落体运动的分析方法，并用讨论法得出重力加速度和自由落体的运动规律。

整个教学过程，不是把学生运送到知识的彼岸，也不仅仅是引导学生自己游到知识的彼岸，而是激励学生想方设法采用多种渠道到达知识的彼岸。

启发式教学方法是多种的，通常采用的有以下几种。

自学法。根据学生的学习结构，将那些学生易懂内容，让他们阅读自学，有时还给出阅读提纲，具体指导，以使其主动获取知识，并提高学生的自学能力。

精讲法。教材的难点、学生的疑点，教师进行精练通俗、条理清楚、逻辑性强的讲授，以启发帮助学生掌握知识。

讨论法。将教材中的易混概念，编成一些问题让学生讨论、争论，甚至辩论，从而明确概念，有时在认识知识的道路上，有意让学生“摔跤”，当学生从错误中碰醒过来时，正确的概念将深深地烙在学生的脑子里。

实验法。将一些演示实验改为学生的课堂实验，穿插在课堂教学之中，让学生通过自己动手，切身观察得出结论。将实验变教师动手为学生自己动脑又动手，变学生被动观察为主动探索。

发现法。用一些启发性问题或实验，造成“悬念”，激起学生积极思维，让学生分析和讨论，在教师的帮助下或学生自主地发现规律，进入知识宝库的大门。

由于教材的知识结构不同，学生的学习结构不同，教学方法也不可能采取同一模式，甚至在一节课中，也都会有多种方法穿插，教师的艺术，就看如何恰到好处地选取最佳方法。教法可以因教材、因学生，甚至因教师的特点千变万化，然而万变不离其宗，这个宗就是始终使教学沿着“由知到能”的方向前进。

### （四）由能到知

教学中的“由能到知”是“由知到能”的逆过程，指的是注意学生能力发展的培养之后，学生的创造性思维能力、实验能力和自学能力得到不同程度的提高。结果学生各种能力的综合表现又对知识的掌握起着正反馈作用，学生学得更为主动、灵活，知识掌握得更为扎实、宽广。

# 第四章 素质教育视角下物理教学模式创新

## 第一节 “问题—探究”教学模式的创新理念分析

### 一、“问题—探究”式教学模式的历史渊源

#### （一）“问题—探究”式教学模式的历史继承性

任何一种事物的产生都不是突发的，它总是要经历一个孕育和萌芽的过程。同样，“问题—探究”式教学也继承了历史上诸多教育家的理论、观念与方法。

早在18世纪，法国自然主义教育家卢梭就认为：“儿童天生就具有探究问题的欲望，教师应该把学生引入问题的边缘，鼓励学生自己去思考，从而培养学生的思维能力和解决问题的能力。”这种观点奠定了“问题—探究”式教学模式的思想基础。

19世纪末20世纪初，美国实用主义教育家杜威概括了科学探究的5个步骤，并在此基础上创立了“问题学习法”，使“问题—探究”式教学模式从观念层面向实践层面推进了一大步。杜威认为：“思维起于直接经验到的疑难和问题，而思维的功能在于把困难克服、疑虑解除、问题解答。”故思维的方法亦即解决问题的方法。这个解决问题的过程共有5步，因之科学思维方法也称之为思维五步法或探究五步法。他将思维五步法直接运用到教学方法上说“教学法的要素和思维的要素是相同的。这些要素是：第一，学生要有一个真实的经验的情境——要有一个对活动本身感兴趣的连续的活动。第二，在这个情境内部产生一个真实的问题并作为思维的刺激物。第三，他要占有知识资料，从事必要的观察对付这个问题。第四，他必须负责有条不紊地展开他所想出的解决问题的方法。第五，他要有机会和需要通过应用检验他的观念，使这个观念的意义明确并让

他自己发现它们是否有效。这五个阶段的顺序是不固定的，有时两个阶段可以合并为一，有时又需要特别强调某一阶段。怎样处理，完全凭靠个人理智的机巧和敏感性”。R. 杜威做这种强调，意在使教学方法具有灵活性，使之不至于成为呆板的机械模式。

20 世纪中期以来，美国教育心理学家布鲁纳的“发现学习”、苏联教学论专家马赫穆托夫的“问题解决”教学法、基于建构主义理论的抛锚式教学法相继问世，他们不仅深化了“问题—探究”式学习这一领域的理论研究，更是提供了具有可操作性的实践模式。

### （二）“问题—探究”式教学模式的时代发展性

当我们在梳理“问题—探究”式教学模式的历史脉络时，切不可忽视它的时代发展性。我们在今天的时空背景下倡导“问题—探究”式教学模式，既要继承历史上“问题学习法”“发现式学习”“问题解决”教学等优秀教育思想及宝贵实践经验，又要在前人研究的基础上去开拓进取，站在时代的高度重新审视“问题—探究”式教学模式，使之日臻完善合理，从而在新世纪的教坛上焕发出无穷的魅力。

在我国，目前对“问题 - 探究”式教学模式的理论研究和实践探索还不够成熟，大部分研究还都是针对该教学模式的某一操作层面或某一具体问题就事论事地进行探讨。将理论和实践联系起来，系统地探讨“问题—探究”式教学模式的研究还很少，特别是针对基础物理教学的研究就更少。因此有必要在这一方面做进一步的探讨工作。

本书采用文献分析、教学实验、问卷调查、访谈等研究方法，对高中物理教学中的“问题—探究”式教学模式进行了系统的探讨。首先从“问题—探究”式教学模式的历史渊源、内涵、理论基础、操作程序、评价体系、实施条件等几方面对该模式做了理论上的阐述，然后在理论的指导下，探讨了该模式在理论课、实验课、习题课等不同课型中的具体应用，同时对该模式进行了为期近半年的教学实验，最后对实验结果进行了统计分析并得出一些较为可靠的结论。

## 二、“问题—探究”式教学模式的内涵

### （一）“问题—探究”式教学模式的界定

所谓“探究”，就其本义而言就是探讨和研究。探讨就是探求学问、探求真理和探求本源；研究就是研讨问题、追根求源和多方寻求答案、解决问题。“问题—探究”式教学模式是指根据教学内容及要求，由教师创设问题情境，以问题的发现、探究和解决来激发学生的求知欲、创造欲和主体意识，培养学生创新能力的一种教学模式。在教学

过程中，教师要创设情境启发和鼓励学生自己发现并提出问题，经过收集信息资料和深思酝酿，提出设想，发表见解，引发争论，进行批判性思考和实践验证，把教学过程设计为学生主动探究知识、进行创造性思维的经历过程，从而提高学生获取信息和解决问题的能力，培养学生的创造性品质。

### （二）“问题—探究”式教学模式的主要特征

“问题—探究”式教学模式的主要特征有以下 3 个方面。

（1）“学习者中心”的特征。每一个学习者都是知识理解和意义建构的主体，不同的学习者在问题解决的过程中平等交往、合作学习。

（2）“问题中心”的特征。这主要表现在：首先，问题是教学的开端。问题的存在本身就可激发学生的求知欲和探究欲望，这对教学的开展和创造性思维的启动是非常有利的。因此，教师在教学伊始就应抓住这一点，以创设好的教学情境促使学生大脑中产生有向性的疑问。其次，问题是教学的主线。问题不仅是激发学生求知欲和创造冲动的前提，它还存在于整个教学过程中。教师应使教学活动自始至终围绕着问题的探究和解决而展开。再次，问题是教学的归宿。教学的最终结果不应该是用所授知识消灭问题，而应该是在初步解决问题的基础上引发新的问题，这些新问题出现的意义不仅在于它能使教学延伸到课外，而且还在于它能最终把学生引上创造之路。

（3）“活动中心”的特征。整个教学过程是在教师与学生之间、学生与学生之间的协作互动中展开的，学习者对知识的意义建构过程是在不断的探究活动中完成的。

### （三）“问题—探究”式教学模式的目标

“问题—探究”式教学模式，注重学生对知识的深层理解，有利于学生对科学概念的掌握和知识结构的形成；注重学生积极主动地参与知识的建构，有利于学生自主学习能力的培养；注重学生在多方面的探究活动中真正理解和掌握科学方法和技能，有利于学生分析问题和解决问题能力的提高；注重探究过程和思维的发展，有利于培养学生的科学精神、创新意识及创新能力。

实施“问题—探究”式教学模式所要达到的教育目标和教学目标如图 4–1 所示。

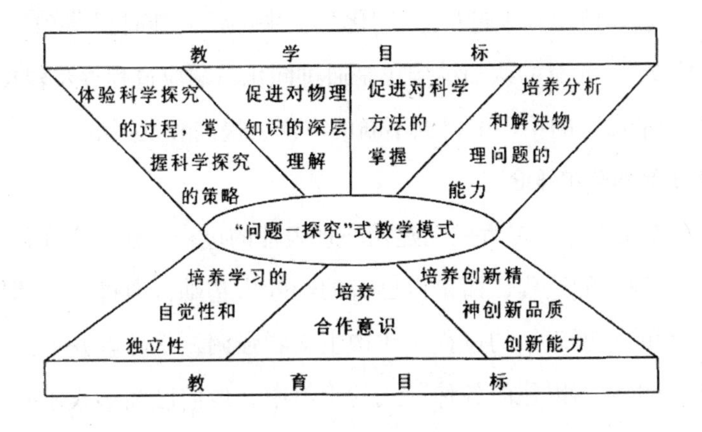


图 4—1 教育目标

## 三、“问题—探究”式教学模式的理论基础

### （一）“问题—探究”式教学模式的哲学理论基础

马列主义认识论、反映论、矛盾论是“问题—探究”式教学模式的哲学理论基础。

传统教学论也用反映论解释教学过程，但它是片面地理解反映论，即只强调感性反映的一面，而忽视了理性反映的一面，这就导致对具体形象思维作用估价过高，而对概括抽象思维作用估价过低。因此，传统教学首先注重的是如何在复现、记忆的基础上掌握知识、技能、技巧，而不重视与理性反映相联系的人的思维创造积极性。

马列主义认为科学的认识绝不只是从感性认识到理性认识。人能依据概念、范畴、原理、规律来对客观现实做出理性反映即创造性反映，而这种创造性反映的基础就是矛盾，矛盾又表现出“问题性”即以问题的形式呈现在人的脑海中。就是说，客观对象的辩证矛盾经过人认识过程本身可以被感知为逻辑思维中的矛盾，即被感知为理论性问题。解决逻辑矛盾的过程就是解决问题的过程。可见，“问题—探究”式教学模式是以马列主义认识论、反映论和矛盾论为其依据的。

### （二）“问题—探究”式教学模式的教育心理学基础

#### 1. 皮亚杰的认知发展学说

皮亚杰的学说是“问题—探究”式教学模式的心理学基础。皮亚杰作为当代世界著名的心理学家，是发生认识论的奠基人。他认为：“真正的知识既不发端于客体，也不发端于主体，而是发端于主、客体相互作用的动作和活动中。”儿童是在与周围环境相互作用的过程中逐步建构起关于外部世界的知识，从而使自身认知结构得到发展。儿童与环境的相互作用涉及两个基本过程："同化"与"顺应"。"同化"导致增长（量变），"顺应"导致发展（质变）。儿童的认知结构正是通过同化与顺应过程逐步建构起来，并在"平衡—不平衡—新的平衡"的循环中得到不断的丰富、提高和发展的。

**2. 基于建构主义的教学理论**

（1）学习在本质上是学习者主动建构心理表征的过程。建构主义认为学习不是把外部知识直接输入心理中的过程，而是以已有的经验为基础，通过与外部世界相互作用而建构新的理解、新的心理表征的过程。建构主义者强调，学习者并不是空着脑袋进入学习情境的，在日常生活和以往的各种形式的学习中，他们已经形成了有关的知识经验，他们对任何事情都有自己的看法，即使是有些问题他们从来没有接触过，没有现成的经验可以借鉴，但是当问题呈现在他们面前时，他们还是会基于以往的经验，依靠他们的认知能力，形成对问题的解释，提出他们的假设。因此，教学不能无视学习者已有的知识经验，简单强硬地从外部对学习者实施知识的填灌，而是应当把学习者原有的知识经验作为新知识的生长点，引导学习者从原有的知识经验中生长新的知识经验。教学不是知识的传递，而是知识的处理和转换。教师应该重视学生自己对各种现象的理解，倾听他们的看法，思考他们这些想法的由来，并以此为据引导学生丰富或调整自己的解释。

（2）教师和学生分别以自己的方式建构对世界的理解，因而对世界的理解是多元的。教学过程即是教师和学生对世界的意义进行合作性建构的过程。建构主义教学观认为，世界的意义并非独立于主体而存在，而是源于主体的建构。每一个人都以自己的方式对世界建构出自己的意义，因而对世界的理解是多元的。承认不同主体对世界意义的建构的差异性，并不意味着教育教学过程中不同主体彼此之间相互隔绝、互不来往，恰恰相反，这种差异正表明教师与学生之间、学生与学生之间相互合作、相互交往的意义和价值。通过合作和交往，可以获得对世界的多种理解，建构出世界的多种意义。因而，建构主义者非常强调"合作学习"。在建构主义者看来，教学的过程即是教师和学生对世界的意义进行合作性建构的过程，而不是客观知识的传递过程。故建构主义主张：教师与学生、学生与学生之间需要共同针对某些问题进行探索，并在探索的过程中相互交流和质疑，了解彼此的想法。

（3）建构主义学习环境由情境、协作、会话和意义建构 4 个要素构成，建构主义的教学策略是以学习者为中心的。

建构主义学习环境是开放的充满着意义解释和建构的环境。如果对该学习环境进行静态分析，可以发现它由情境、协作、会话和意义建构 4 个要素构成。其中情境是意义建构的基本条件，教师与学生之间、学生与学生之间的协作和会话是意义建构的具体过程，而意义建构则是建构主义学习的目的。建构主义的教学策略是以学习者为中心的，其目的是最大限度地促进学习者与情境的交互作用，从而主动地建构意义。教师在这个过程中起组织者、帮助者、促进者的作用。

## 四、“问题—探究”式教学模式的操作程序

### （一）创设问题情境

当代认知心理学的研究表明：认知活动具有情境关联性。特定的“情境”或“场合”不仅能够决定我们对事件意义的理解，还能决定事件发生的可能性，同时它还能影响我们的知觉内容以及我们的学习方式，并且自然会对记忆产生深远的影响。源于现实世界的活生生的情境是学习者进行问题解决和意义建构的平台，这种情境是与学习者的精神世界融为一体的。因此，在物理教学中，恰当地设置教学情境，可以激发学生的思维火花和学习动机，使学生积极主动地投入学习中去，从而达到良好的教学效果。

我们可以通过以下方式设置问题情境。

（1）利用演示实验创设问题情境。运用演示实验的直观教学手段，巧设疑问，促使学生认知冲突，诱导学生进入质疑思维状态。例如，在讲力的分解时，通过这样的方式设置疑问：取一个沉重的大砝码放在桌面上，要用细线把它提起来，问学生用一根线易断还是两根线易断？多数学生都说肯定是一根线易断，但演示结果却完全相反：用一根线可将砝码稳稳地提起，而用两根同样的细线（故意使两线间夹角大于120°）去提时却一下就断了。为什么两根线的效果反不如一根线的效果呢？这种有悖常理的疑点在学生大脑里产生了兴奋剂，促使学生投入到下一步的学习中。

（2）由旧知识拓展引出新问题，创设问题情境。从学生已有的知识出发结合教材的需要，以实际问题为背景提出新的问题，从而激发学生学习的兴趣。例如，在学生学习过动量定理之后，请同学们解决这样一个问题：怎样才能保证鸡蛋从二楼掉下来而不破？为了解决这一问题，同学们根据动量定理的理论积极探索，设计实验，从而不仅加深了对动量定理的理解，还培养了学生的动手能力，同时还使学生认识到“理论指导实践，实践丰富理论”的科学发展理论。

（3）利用悖论创设问题情境。通过揭示悖论，可以使学生处于思维矛盾状态。在悖论中往往包含两种不同的结论，它们的推导似乎逻辑严密，论据充足，但结论又互不相容，有矛盾、有分歧或根本对立，比较中必然产生疑问，从而产生了迫切需要解决思维矛盾的求知动力。例如，在讲自由落体运动时，问学生：“根据你的生活经验，轻重不同的

物体哪个下落得快？”绝大多数学生会肯定地说：“重物体下落得快。”由学生的结论往下推：“根据你们的结论，一块大石头的下落速度要比一块小石头的下落速度大。假定大石头的下落速度为8m/s，小石头的下落速度为4m/s，当我们把两块石头拴在一起时，下落快的会被下落慢的拖着而速度减慢，下落慢的会被下落快的拖着而速度加快，结果整个系统的下落速度应该是大于4m/s小于8m/s。但是两块石头拴在一起，加起来比大石头还要重，按照你们的结论，它的速度应该大于8m/s才对呀，这是怎么回事呢？”这一悖论的引入，使学生的思维很快集中到这节课要学的内容上并以极大的兴趣投入本节课的学习中，从而提高了课堂教学效率。

另外，我们还可以利用现代化的电教手段创设问题情境，利用物理学的人文情境创设问题情境，利用观察、实验、类比、假说等物理学方法创设问题情境……总之，创设问题情境的方法很多，有待我们在教学实践中不断地发现、发掘和利用。

### （二）问题的提出

苏联教育家马赫穆托夫认为问题的提出分3个阶段：①分析问题情境；②“看出”问题的实质；③用语言概述问题。

分析问题是独立认识活动的第一阶段，只有详细分析了问题情境，明确找出了已知成分与未知成分，才能“看出”问题所在，才能在学生头脑里产生问题并继而用语言概述出问题来。例如，教师首先给学生创设了如下一个问题情境：根据对流规律，凉水总是下沉，暖水总是上升。可是，冬天在一些深水库里，4°C的暖水却处在靠近底部的位置，这是为什么？对此，学生先后作出了不同层次的发问：①为什么会这样？②为什么暖水处在靠近底部的位置？③为什么4°C的水处在最底部？④为什么4°C的水不向上升？为什么暖水层不受冷水层的排挤而发生对流现象？⑥那么暖水就可以重于冷水？⑦水温在4°C时密度是多大？这里⑥⑦两问就属于问题的提出，它包含在教师所给矛盾信息中的那个新知识的实质中。

### （三）问题的解决

继问题情境的分析和问题的提出之后，就是问题的解决。问题解决的过程大致如图4–2所示。

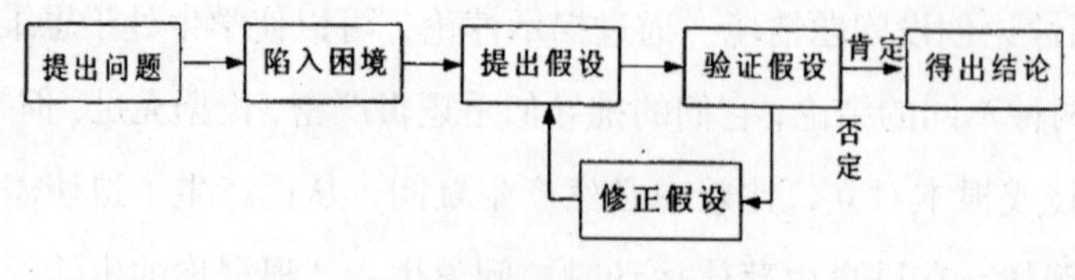


图4—2 问题解决的过程

在问题的探究与解决过程中，老师引导学生分析问题提出假设，并组织引导学生利用实验、观察、阅读、讨论等方法积极思索，利用协作学习来验证假设得出结论，使学生在问题的探究过程中形成物理概念，建立物理规律并形成相应的知识组块。

#### （四）总结提高

这一环节的主要任务是总结在问题解决过程中得出的结论，并将其拓展延伸，同时提出相应的新的问题情境，使学生在解决新问题的过程中，掌握和深化在上一环节所形成的概念和建立的规律。

知识只有在应用中、在解决实际问题的过程中才能显示出强大的力量，学习知识的目的在于应用，学生也只有在应用知识解决实际问题的过程中才能学活知识、才能提出新问题。因此，在学生获得新概念和规律后，教师应及时设计巩固性、变式应用性问题让学生感知和体验物理知识应用的基本规律和方法，并提高知识组块的迁移能力以及生成新知识组块的能力。

### 五、“问题—探究”式教学模式的评价体系

教学评价体系是教学模式的重要构成因素，它一般包括对教师的教学效果和学生的学习效果两方面的评价，即从教和学两方面分别对教师和学生进行评价。本节主要讨论在“问题—探究”式教学模式中如何对学生进行评价。

有效的学习评价应起到以下作用。一是诊断作用，即通过评价让学生了解自身的不足之处，有利于下一段的学习和改进。二是激励作用，较高的评价能给学生以心理上的满足和精神上的鼓励，而较低的评价也可以催人深思、令人奋进。三是反馈调节作用，评价过程是一种信息反馈过程，学生可利用反馈信息调节自己的学习，从而提高学习效率。另外，评价本身就是一种教学活动，通过这种活动，学生的知识、技能获得进一步的长进，甚至产生飞跃。

为了有效发挥评价的诊断、激励、反馈、调节等功能，我针对“问题—探究”式教学模式的目标、操作程序及实施条件的具体特点，参考教育测量与评价的一般方法，借鉴老教师及教研人员的实践经验，制定出对学生的评价措施如下。

#### （一）评价目标

对学生学业质量的评价目标至少应该有以下 3 项：①中学物理知识与方法（含世界观）的掌握程度；②中学物理能力，主要是实验能力和思维能力（特别是创造性思维能力）

的发展水平；③优良的情感、意志和性格等非智力因素和形成程度。

### （二）评价方法

采用测验成绩与平时表现相结合的结构性评价方法。测验成绩主要是指以考卷的形式进行的考试，这里对试题的要求是以基础知识为载体，以考查能力为目的。测验成绩要能反映学生的物理基本能力以及对物理基础知识的理解、掌握和应用程度。平时表现是指学生在实验、学习、解决问题等过程中的表现，对平时表现的评价采用“场合驱动评价”，即教师随时随地观察并记录学生在学习活动中的表现并给予评价。

### （三）评价标准

评价标准在开学之初就向学生公布，以便每个学生都能明确努力的方向。只有这样才能使最终的评价客观可信，才能充分发挥评价应有的作用。

## 六、“问题—探究”式教学模式的实施条件

教学模式实施的条件是指促使教学模式发挥效力、达到一定的功能目标所需的各种条件，即是影响教学目标达成的各种要求。教学模式的实施条件包含的内容很多，如教师的教学内容、教学手段、教学的时空组合等。为了更好地掌握和运用教学模式，成功地达到预期的教学目标，我们需要认真地研究并保障教学模式的实施条件。

“问题—探究”式教学模式对教学过程中各要素提出了一些具体要求，下面进行介绍。

### （一）对问题情境设置的要求

（1）为了保证知识的系统性，要根据循序渐进的原则设置问题情境体系。所提的问题必须能引起学生学习新知识的动机和需要，能促使学生创造力的发展，即根据所设置的问题情境提出的问题要具有一定的程序性，必须通过周密的思考，借助某些特定的有效程序，经过主观努力才能完成。这类“问题”在英语中的对应词为“problem ”，英语中还有一词“question”也对应“问题”，但“question”主要是指一些问答式的问题，具有陈述性和简单性。例如：“牛顿第二定律的内容是什么？”“重力加速度 g 一般取值多大？”。“question”只能使学生学习或回忆陈述性知识，而“problem”能使学生在知道陈述性知识的同时学习程序性知识或促进陈述性知识向程序性知识转化。在“问题—探究”式教学模式的组织中，只有尽量减少“question”增加“problem”才能在课堂上增加学生的思维力度，促进探究的深入进行。

（2）问题设置的切入角度必须针对学生的需要，切合学生的实际，保证学生有足够的知识技能去理解它。问题的难度要充分考虑学生已有的知识经验，尽可能使所设置的问题落在学生的“最近发展区上”。

（3）问题设置要体现发散性和开放性。一般来说，多使用开放性的问题，能使课堂氛围更加活泼，使探究的气氛更加浓厚，从而加大学生探究的广度和深度，促进学生创造性思维的发展。

另外，问题情境的设置必须先于教材的讲述和动作的演示，体现“问题—探究”式教学模式的“问题中心”的特点。

### （二）对教学内容的要求

适合采用“问题—探究”式教学模式的教学内容应具备以下特点。

（1）引进的知识要素应具有重要意义（普通教育、世界观教育、品德教育等方面）。即通过对新知识的探究学习，能够提高学科能力，并在世界观形成、品德修养等方面产生深远的影响。

（2）新知识与支柱知识之间应具有高度的相关关系。如当课堂上引进的新概念与已经学过的概念之间没有相似的特征或便于对照的差异时，试图在高度认识独立性的水平上组织探究教学是不适当的。因为在这种场合，学生不可能在已知知识的基础上解答问题或进行分析，这时学生只能通过尝试错误的途径对新的概念的本质特征进行独立探索，何况大部分的尝试还带有偶然性，这样的猜谜游戏不但不利于学生掌握知识，而且甚至不利于对知识的简单记忆，因为大量错误的中间解答会使学生的注意脱离解答的基本方向。

（3）知识各要素之间具有足够的联系。当所学的教学内容中包含大量分散的、相互之间很少联系的事实时，则不适宜用“问题—探究”式教学模式。

（4）联系的性质是间接的和多阶段的。所学新知识与各要素之间的联系应是间接的和多层次的，只有各要素之间的联系呈阶梯状分布，才能保证探究学习的顺利进行。

### （三）对教师的要求

“问题—探究”式教学模式对教师提出的最大挑战之一是角色的转换，即教师应从信息提供者转变为“教练”和学生的学习伙伴，教师自己也应该是一个学习者。教师必须要有教学的民主观、现代意义的学生观和教学质量观。

民主的教学氛围。当学生的思维结果正确或有创新性时，必须及时强化；当学生的思维结果错误的时候，要能容忍学生，并鼓励学生大胆发言。在“问题—探究”式教学模式的课堂中，教师要与学生平等地面对问题，用最精练的语言来引导学生的思维，点拨处于"愤""悱"状态的学生，保证课堂探究的顺利进行。

另外，"问题—探究"式教学模式要求学生具有一定的知识基础和逻辑思维能力，具有问题意识、合作精神。

总之，"问题—探究"式教学模式最理想的支持系统是：一组能引起兴趣、激起探究欲望的问题情境，一名掌握了智能操作过程和探究方法的老师以及与问题有关的材料来源。

## 第二节 "问题—探究"教学模式在物理课程中的实践创新

俗话说：教学有法，但无定法。一种教学模式只能是基本的、相对稳定的，而不是僵化的、一成不变的。在具体应用某一教学模式时，必须全面理解教学模式的所有构成因素及其相互关系，领会模式的指导思想，做到对模式灵活、创造性地应用，避免机械模仿、把教学模式化。本节介绍"问题—探究"式教学模式在不同课型中的具体应用。

### 一、理论课中实施"问题—探究"式教学模式

中学物理理论课的教学主要是指物理概念、规律的教学。物理概念是组成物理知识的基本元素，是一类物理现象的共同特征和本质属性在人脑中概括和抽象的反映。物理规律是自然界中物理客体本质属性的内在联系，是事物发展和变化趋势的反映。物理概念是物理规律建立的基础和前提，物理规律是物理概念发展的必然结果。物理概念和规律组成了中学物理的基础知识，学生对概念和规律的学习在整个物理学习中处于核心地位。因此，物理教学中对概念、规律的教学至关重要，让学生掌握好物理概念和规律是物理教学成功的关键。

#### （一）概念形成和规律建立的思维过程

从心理学的角度来看，物理概念的形成和物理规律的建立过程就是解决物理问题的思维过程。物理问题的解决总是伴随着物理概念的形成和物理规律的建立。学生在学习过程中，形成概念和掌握规律的思维过程同样如此，即是提出问题、讨论问题、解决问题的过程。因此，在物理概念、规律的教学中，应当充分展示出物理问题的提出、讨论

和解决的思维过程，并把它们有机地结合起来。

由概念形成和规律建立的思维过程来看，对于概念、规律的教学，最合适、最恰当有效的教学模式就是“问题—探究”式教学模式。因为“问题—探究”式教学模式最基本的指导思想是围绕问题的提出及解决来进行教学的，而这一程序正是和概念形成和规律建立的思维过程相吻合的。显然，应用“问题—探究”式教学模式进行概念、规律的教学，有利于学生形成概念和掌握规律，有利于学生对概念和规律的理解及实际运用。

### （二）学生形成概念和掌握规律的思维障碍

（1）感性认识不足。感性认识是物理思维的基础，没有充分的感性认识，就不可能通过分析、综合、抽象、概括、类比等思维过程上升到物理概念、规律，也不可能更好地掌握物理概念、规律。

（2）思维方法不当。物理概念和规律的建立离不开思维。同样，学习物理概念和规律也离不开思维。在通过观察、实验等获得足够多的感性材料后，必须利用各种思维方法建立正确的物理概念和规律。在学习物理概念和规律时，如果不了解物理学家在建立概念、规律过程中艰辛而极富创造性的工作、重要的思维方法及思维过程，只是被动地接受，就不可能从中吸取有益的营养，真正理解物理概念、掌握物理规律，从而在理解和应用概念、规律时出现各种问题，产生种种错误。

（3）思维定式的消极影响。在物理学习中，思维定式既有积极的意义，也有消极的影响。消极的思维定式表现为人们把头脑中已有的、习惯了的思维方式不恰当地运用到学习新的物理概念、规律中去，不善于变换思考问题的角度和方法。消极的思维定式干扰着学生对新的物理概念、物理规律的理解和掌握。

（4）相关知识的干扰。在物理概念和规律的学习中，相关知识的干扰主要表现为以下几点：①相邻相近的物理概念间的相互干扰；②形成概念与掌握规律的相互干扰；③前科学观念的干扰；④数学对物理学习的干扰。

### （三）物理概念、规律教学中应注意的问题

根据概念的形成和规律的建立的思维过程，以及学生在物理概念、规律学习中存在的思维障碍，在物理概念、规律的教学中应注重以下几个方面。

（1）注重感性认识。使学生获得必要的感性认识，是掌握物理概念、规律的基础。感性认识是进行思维加工以形成概念、建立规律的基本材料，是激发学生学习动机和兴趣的有效武器。因此，要使学生更好地掌握物理概念、规律，必须创造一个适应教学要

求、借以引导启发学生挖掘问题思考问题、探索事物的共同特征和本质属性的物理环境，使学生获得充分的必要的感性认识。实际教学中，我们常可以通过实验、参观、列举生活中的典型事例、运用变式等途径使学生获得足够的感性认识。

（2）注重物理概念、规律的建立过程。对于物理概念、规律的教学，过去多把侧重点放在结果的传授上，至于物理概念、规律的形成与发展过程则轻描淡写。这种重结论轻过程的做法，不但削弱了物理概念、规律教学本身，而且也有碍于学生能力的培养。因此，在物理概念教学中，我们要做到重物理概念的建立过程，克服学生背定义的倾向。物理概念在物理学史上，有其提出、建立、发展、完善的过程，在物理概念的教学中，也应讲清它的这个过程。在物理规律教学中，我们要做到重物理规律的导出过程，克服学生套公式的倾向。物理规律包括定律、定理、法则等，有的来源于实验归纳，有的来源于理论推导，要想让学生真正理解并运用规律，必须让学生明白规律建立的来龙去脉。

（3）注重科学方法的教育。从认识论的角度来看，学生的认识过程与科学家探究物理世界的过程是很相似的。物理学家从人类的已知出发探究人类的未知，学生从自己的已知出发探究自身的未知。两者都从问题出发，都需检索已有的知识，都要用观察实验方法、科学思维方法和数学方法，只是独立性和创造性、复杂性程度不同而已，这就决定了物理教学与科学方法教育密不可分。我们要以物理知识教学为背景，向学生渗透科学方法教育。

（4）注重应用能力的培养。物理知识的应用是学习物理知识的目的，也是检验物理知识掌握情况的重要标志，更是加深对物理知识理解的重要环节。在教学中，我们要选择恰当的物理问题，有计划、有目标，由简到繁循序渐进，反复多次进行训练，使学生逐步掌握应用物理概念、规律解决实际问题的思维过程、思维方法和思维策略，从而发展学生的思维能力。另外，在物理概念、规律的教学中，应明确物理概念的内涵和外延，明确规律的物理意义、适用范围和条件以及相关知识之间的联系。

在物理概念、规律的教学中，采用“问题—探究”式教学模式可以很好地注意到以上几个方面，将会比较有效地克服学生学习物理概念、规律的思维障碍，使学生准确掌握物理概念和规律。

### （四）“问题—探究”式教学模式中，理论课教学的一般程序

“问题—探究”式教学模式中，理论课教学的一般程序如图 4-3 所示。

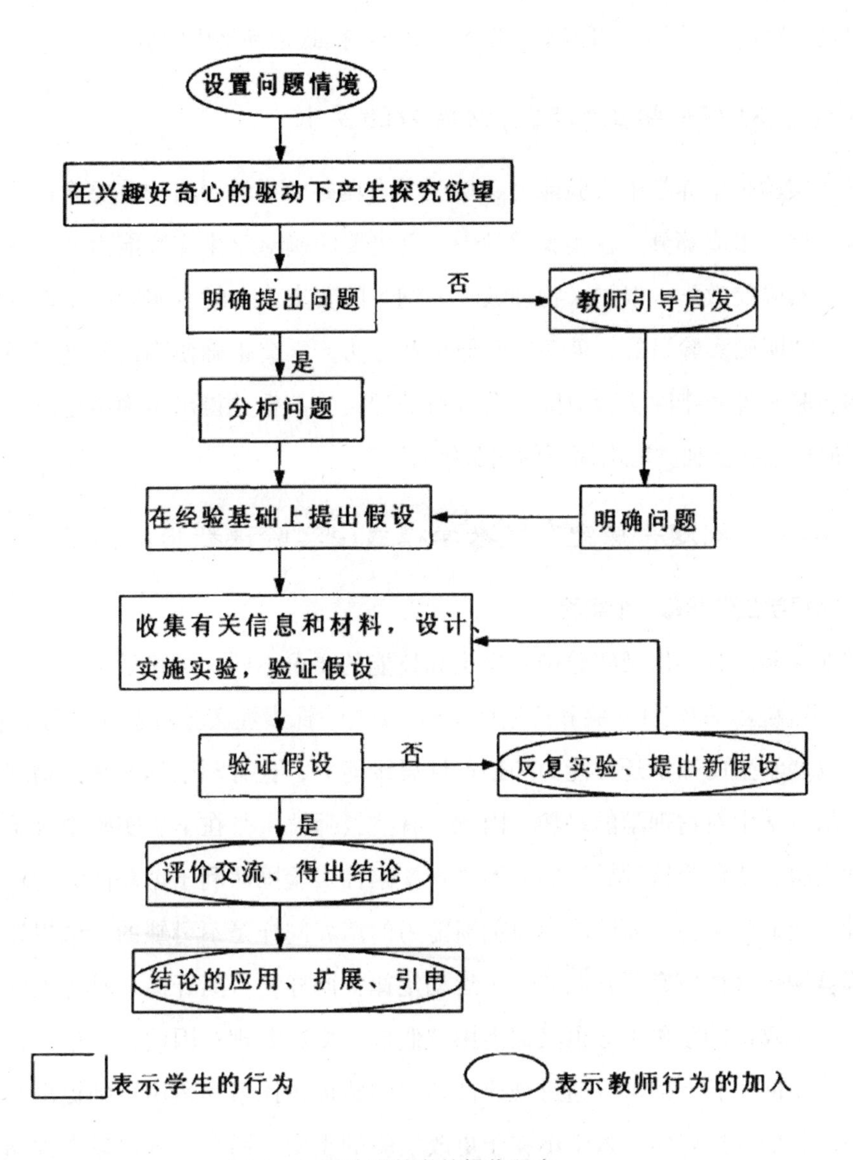


图 4—3 理论课教学的操作程序

## 二、实验课中实施“问题—探究”式教学模式

物理学是一门实验科学。人民教育出版社 2002 年第一版《全日制普通高中物理教学大纲》明确指出：“观察现象、进行演示和学生实验，能够使学生对物理事实获得具体、明确的认识，这是理解概念和规律的必要的基础。观察和实验对培养学生的观察和实验能力，培养实事求是的科学态度，引起学习兴趣具有重要的作用。因此要大力加强演示实验和学生实验。”由此可见，实验在中学物理教学中是具有重要地位的，可以说，物理教学离不开物理实验，没有物理实验就等于没有物理教学。

中学物理实验一般包括课堂演示实验、学生分组实验和课外实验。下面以学生分组实验为例，阐述如何应用“问题—探究”式教学模式指导学生实验。

## （一）对高中学生物理实验能力的要求

学生实验是培养学生实验能力、培养学生良好的科学习惯的重要途径，它是中学物理实验的重要组成部分。在实验教学中，首先要明确对学生实验能力的具体要求，才能搞好学生实验的教学。根据《物理教学大纲》的要求，在学生实验中要培养的实验能力主要是：“明确实验目的、理解实验原理和方法，学会正确使用仪器进行观察和测量，会控制实验条件和排除实验故障，会分析处理实验数据并得出正确结论，了解误差和有效数字的概念，会独立写出简要的实验报告。”

## （二）“问题—探究”式教学模式中实验课教学的指导思想

### 1. 组织学生做好每一个实验

按照实验的目的以及实验中对思维和技能的要求不同，可将学生实验分为测量性实验、验证性实验、探索性实验和应用性实验。其中，探索性实验对思维活动水平要求较高，有利于发展学生的知识迁移能力和创造性思维能力，也有利于学生掌握物理学科的研究方法，培养学生对物理学的兴趣。因此，有些教师就主张在学生实验中改验证性实验为探索性实验。我认为这种做法实有不妥：探索性实验固然利于创新能力的培养，而测量性实验、验证性实验方面的能力对创新能力的培养同样是不可缺的，试想如果没有第谷的精确观测，又谈何有开普勒的行星运动定律？同样，若离开吴建雄等人的实验验证，杨振宁、李政道的宇称不守恒又何能由“假说”变成真理？因此，无论是让学生动手操作何种类型的实验，都可以通过规律性知识的验证、探索和运用达到提高实验技能和实践能力的目的。搞好实验教学不在于更改实验的类型，而是应该以教学大纲所规定的学生实验为依托，认真组织学生做好每个实验，达到增长知识、发展智力、培养能力的目的。

### 2. 让学生动手设计

在实验教学中，指导学生进行实验的设计能有效调动学生动手和动脑的积极性，有利于拓宽学生的思路和视野，从而培养学生的发散性思维能力以及创新精神和创新能力。因此，在实验教学中，我们要重视对学生独立设计实验能力的培养。

在探索性、设计性实验中可以要求学生进行实验设计，在测量性、验证性实验中同样可以要求也应该要求学生进行实验设计。探索性、设计性、研究性实验一般只给出目标要求而没有给出达到目标的具体方法步骤，因此，做此类实验学生必须在明确目的之后首先进行实验设计，才可能把实验进行下去。但中学物理实验中，大部分学生实验是验证性、测量性实验，书中大都给出了明确的实验原理以及方法步骤，学生有章可循，只要“照方抓药”同样可以完成实验操作，但学生在这种被动的机械的实验中很少动脑，实验后收获不大。因此，在这种情况下，更应该注重学生在实验前的设计。实验前可以要求学生在预习实验之后，独立或小组合作设计出与书中所给实验方案不同的实验方案，然后对比各个不同的方案并从中选择最佳方案或体会教材所给方案的巧妙与合理，从而最终选择教材所给方案进行实验，把自己设计的方案留待实验课后继续探讨。

实验设计的思路与过程一般是：明确实验的目的→分析实验原理→根据实验原理设计多种实验方案→对方案进行可行性分析，筛选确定最佳实验方案。

**3. 让学生在独立操作中发现问题、解决问题**

在学生自行设计了实验方案、明确了实验方法步骤之后，要鼓励、督促每个学生亲自动手操作，从而使他们亲自品尝到实验劳动的乐趣，增强自尊心和自信心，克服懒惰和依赖思想，同时使他们的实验操作技能得到提高。

在实验过程中，可能会出现各种各样的问题，有些是操作上的，有些是技巧上的，也可能有些是实验仪器及原理上的。对这些问题，应鼓励学生通过独立思考或小组讨论自行解决，在必要的时候，老师给予启发或指导，但绝不可以包办。这样，学生通过自身的手脑并用，体会特别深刻，从而探究能力得到提高。

**4. 实验之后，鼓励学生继续探究**

在实验的过程中，可能会发现一些新的问题，若在实验课上没有得到解决，且这些问题又有继续探究的必要，应鼓励学生在课下继续探究。实验前，学生所设计的实验方案大多不止一个，进行分析对比之后，一般只选择其中一个最佳方案在实验课上进行实验，对那些没有机会付诸实施的方案，在课下应开放实验室，给学生创造一个继续实验探究的机会，让学生亲自检验一下自己所设计的方案的可行性及优缺点。

### （三）“问题—探究”式教学模式中实验课教学的操作程序

“问题—探究”式教学模式中实验课教学的操作程序如图 4–4 所示。

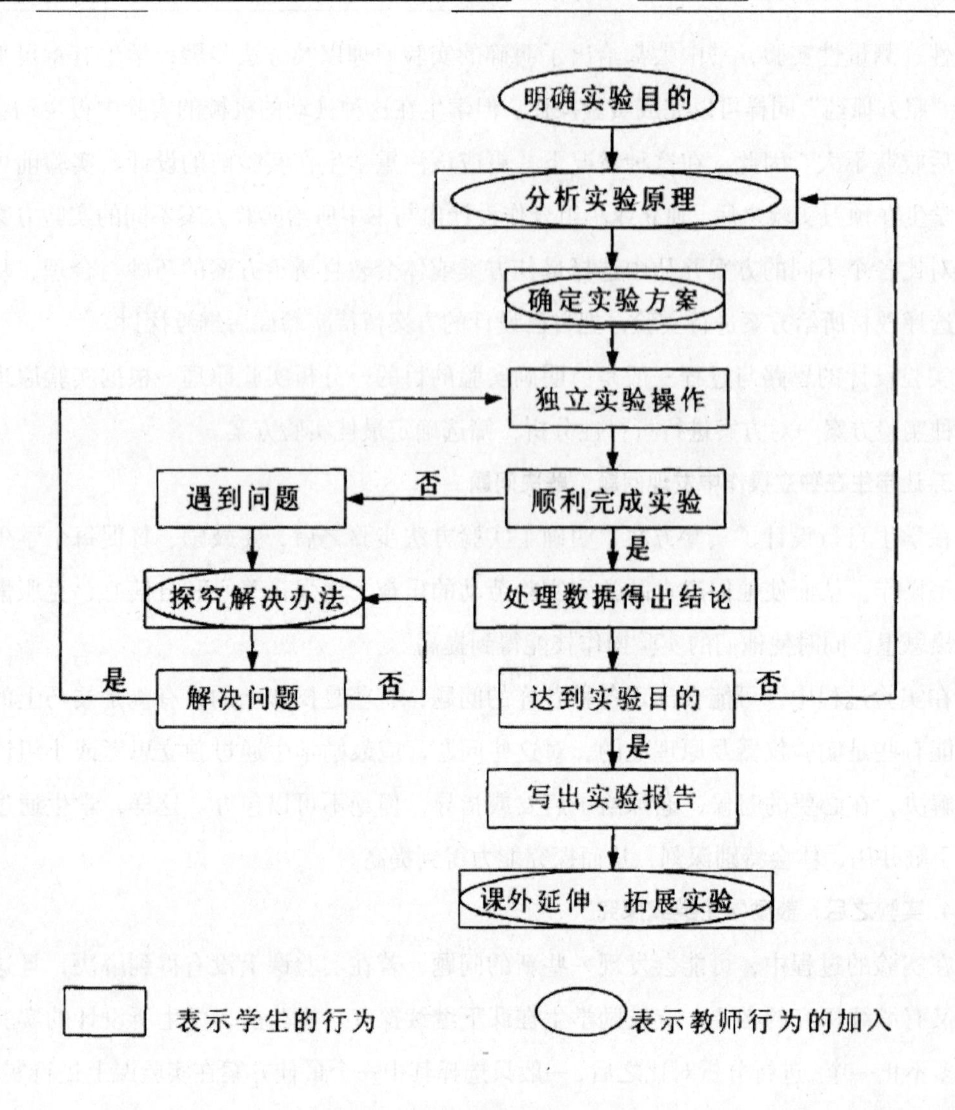


图 4—4 实验课教学的操作程序

## 三、习题课中实施“问题—探究”式教学模式

物理习题教学是中学物理教学的一个重要组成部分，通过习题教学能够有效地使学生巩固、深化、活化基本概念和基本规律，提高运用知识、技能、方法来分析问题和解决问题的能力。

认知心理学家把我们的知识分为陈述性知识和程序性知识两大范畴。程序性知识只能通过一定的过程习得，物理问题解决活动正是形成程序性知识的重要途径，是有效培养学生分析问题和解决问题能力的重要途径。因此，我们要把握好习题课的教学，通过引导学生去探索解决一个个问题而达到掌握知识、发展智力、提高能力的目的。

## （一）“问题—探究”式教学模式中习题课教学的指导思想

**1. 注重全面培养学生的思维能力**

解决物理问题的活动常需要抽象思维、形象思维和直觉思维等几种思维方式同时参与，然而我们的教学却偏重于抽象思维能力的培养而相对忽视形象思维能力和直觉思维能力的培养。因此，在习题课教学中，我们要有意识地克服这种偏向，适当地有目的地引导学生掌握一些巧妙的解题思想及独特的解题方法和技巧，从而有效地贯通知识、拓展思路，提高学生的学习兴趣，培养和提高学生的创造性思维能力。

**2. 注重问题的分析、探究过程**

学生解决问题的过程是一个双向建构的过程，即学生既通过先前知识建构当前事物的意义，又根据具体实例的变异性重新建构先前知识。由于双向建构是一个相互作用的过程，教师的作用代替不了学生的作用，所以学习者必须积极参与学习，必须时刻保持认知灵活性。这要求我们在习题课教学中不能只讲结论，而必须注重对问题的分析、探究过程。

**3. 注重问题解决之后的引申探究**

在习题教学中，设置一些讨论，引申素材，使研究的问题具有活力，思维有广度和梯度。学生在一系列的讨论、引申过程中，能使知识连成串、问题归成类，促进新知识结构的形成。同时，在引申探究的过程中，还可能出现许多意想不到的新情境、新问题，从而活跃思维、激发创新的热情。

## （二）“问题—探究”式教学模式中习题课教学的操作程序

**1. 物理问题解决的思维过程**

物理问题解决的思维过程可用图 4–5 表示。

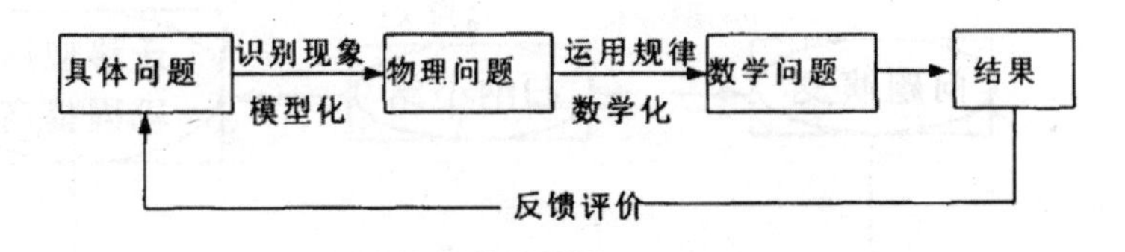


图 4—5　物理问题解决的思维过程

这里包含有两个重要的信息变换环节：一是识别现象，使具体问题模型化；二是运用规律使物理问题数学化。

（1）识别现象模型化。以一个简单问题为例：滑雪运动员沿坡滑下，求他到达坡底时的速度。在感知问题后，学生头脑中首先是一个抽象思维的过程。他要识别这是一种什么物理现象，他不会关心题中的运动员是男是女，甚至“人”在此处也成了物体的代名词。事物非物理学的属性被抛弃，物理学的属性被抽象出来了，这种抽象的结果便是反映事物及其运动变化的物理模型和相关概念。只有经过这样的信息筛选和变换，把客观事物抽象化、理想化，即把实际问题转化为“物理问题”，才会有下一步的解题思维活动。这一抽象思维的过程体现了对事物的质的理解，是对问题的整体领悟。

（2）运用规律数学化。在上例中，意识到运动员沿坡滑下是一个动力学问题之后，就触发了一系列解题思维活动。首先开始分析物体受力情况以及运动情况，然后依据牛顿运动定律和运动学公式列方程。此后，物理问题就转化成数学问题了，后面的运算即是在物理条件的制约下，运用数学规律，对问题进行量的讨论。

2.“问题—探究”式教学模式中习题课教学的操作程序

“问题—探究”式教学模式中习题课教学的操作程序如图 4–6 所示。

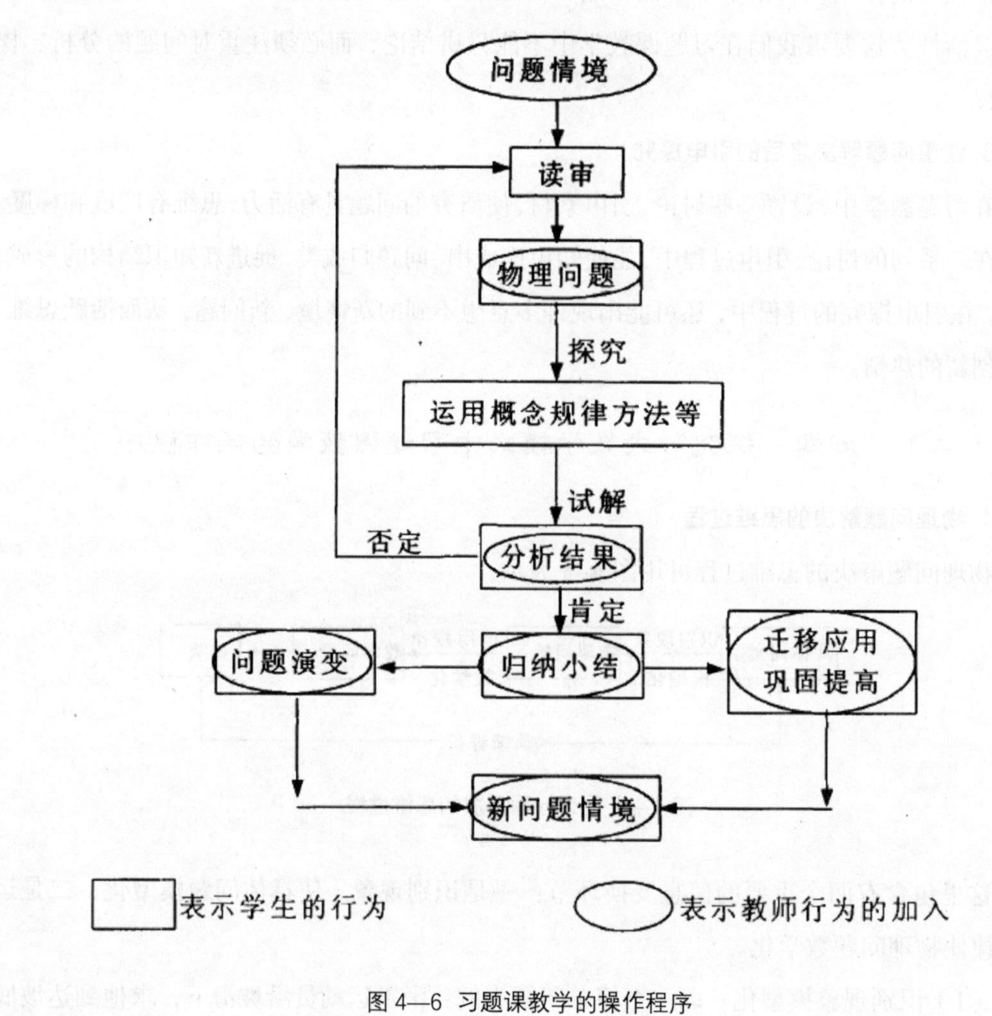


图 4—6 习题课教学的操作程序

# 第三节　物理教学翻转课堂模式的理论创新

## 一、翻转课堂教学的内涵

关于翻转课堂，大家对其最朴素的解释就是，将传统的课堂学习和课后作业的顺序进行颠倒，即将知识的吸收从课堂上迁移到课外，知识的内化则从课后转移到课堂，学生课前在网络课程资源和线上互动支持下开展个性化自学，课堂上则在教师引导下通过合作探究、练习巩固 、反思总结、自主纠错等方式来实现知识内化。

当前，美国富兰克林学院数学与计算科学专业的罗伯特・塔尔伯特（Robert Talbert）教授设计了最初的翻转课堂实施结构模型（见图 4-7），他在“线性代数”等很多课程中应用了翻转课堂教学并取得了良好的教学效果。

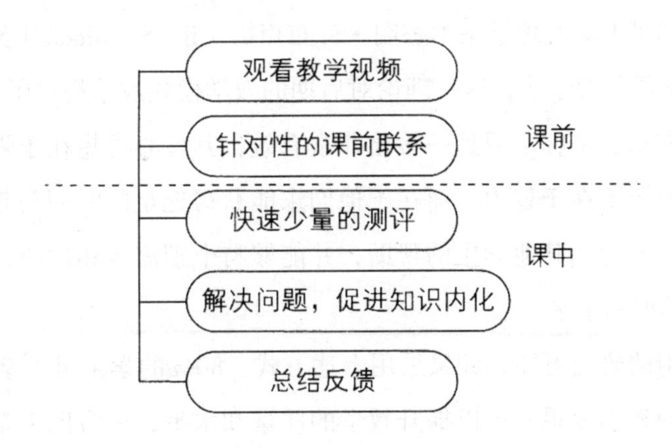


图 4—7　罗伯特·塔尔伯特的翻转课堂教学结构

这一模型为后续学者、专家进行教学模式探索提供了基本思路。

随着教学过程的颠倒，教与学的流程、责任主体、师生角色、课内外任务安排、学习地点和备课方式等方面都发生了明显变化。与传统意义上的课堂教学结构相比，翻转课堂颠覆了人们对课堂模式的思维惯性，改变了学生学习流程，从新的角度揭示了课堂的新形式、新含义。有人认为，“翻转课堂”打破了持续几千年的教学结构，颠覆了人们头脑中对课堂的传统性理解，倡导先学后教、以学定教，赋予了学生学习更多的自主性和选择性，强化了师生之间的沟通与交流，实质是学生学习力解放的一次革命。这不仅契合了国家教育信息化发展规划指导思想的核心——创新学习方式和教学模式，它也为因此被称为是传统教学模式的“破坏式创新”，成为信息技术与学习理论深度融合的典范。

## 二、翻转课堂教学的理论支持

掌握学习理论、学习金字塔理论等理论，从教学本质层面对翻转课堂教学的实施奠定了理论基础。它们从认知观、学习观等角度出发，对翻转课堂教学的实施提供了理论指导，也印证了翻转课堂在实施过程中对学生学习成果与多元发展的促进价值。

### （一）掌握学习理论

“掌握学习”指的是学生基于足够的时间与最佳的学习条件，对学习材料进行掌握的一种学习方式。这一理论源自 20 世纪 60 年代美国北卡罗来纳大学的约·卡罗尔。在卡罗尔看来，学生的学习有的快有的慢，但是只要给予他们充足的时间，那么每一位学生都可以获得学习内容。

之后，芝加哥大学心理学家本杰明·S. 布卢姆（B. S. Bloom）给予卡罗尔的理论，提出了“掌握学习”教学法，这一理论对后期的教学模式改革提供了帮助。

在布卢姆看来，掌握学习这一策略非常有效，其核心思想在于强调学生之所以未获得优异成绩的根源不在于智力，而在于他们未能获得充足的时间与教学帮助。因此，如果学生能够得到教师和其他学生的帮助，并能够与个别需要相适应，那么他们就可以达到对学习内容掌握的水平。

根据布卢姆的研究可知，如果采用上述方式，80%的学生可以掌握 80%的内容，这就超越了实际的教学效果，可以提升教学的质量和水平，还有助于学生破除分数观念，帮助学生掌握规定的内容。

### （二）学习金字塔理论

美国学者埃德加·戴尔（Edgar Dale，1946）率先提出“学习金字塔”（Cone of Learning）理论，它用数字形式形象显示了学生采用不同的学习方式在两周以后还能记住的内容多少（平均学习保持率），如图 4-8 所示。

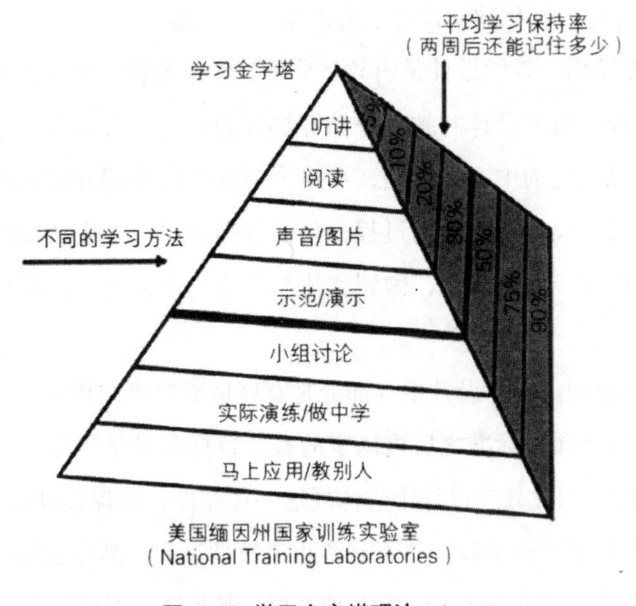


图 4—8　学习金字塔理论

由图 4-8 可以看出，不同的学习方法达到的学习效果不同，研究表明在两周之后，学生对知识的保持率，从 5% ~ 90%不等。

通过进行定量分析，学习成效金字塔揭示出从简单的灌输式学习到深入体验式学习对学生的影响的转变，也对提高学习效率的途径进行描述，启示学生应该动用自身的多种器官来展开学习。学生只有对多种知识进行主动掌握，他们才能真正地在做中学。

上述两大理论为翻转课堂的提出描绘了框架，从而对翻转课堂理论提供指导。

## 第四节　物理翻转课堂教学设计与教学实施创新研究

### 一、物理翻转课堂教学设计

教学设计（teaching design）是对教学过程的一个系统规划。它是依据教学对象、教学内容的特点和课程标准的要求，确定适当的教学目标，并围绕教学目标将教学诸要素有序地安排，形成教学方案的过程。

#### （一）翻转课堂教学模式设计原则

如果说教学是一项工程的话，那么教学设计就是一张蓝图。一张好的蓝图不但要设计全面更要设计优化。优化教学设计主要遵循以下原则。

（1）系统性原则。教学设计是由教材分析、学情分析、教学目标、教学重难点、教法学法、教学过程、板书设计和教学评估等组成的系统。各部分相互依存、相互制约，都以教学效果的最大化为中心。但是，在整个系统中各个部分的功能并不等价。教学的实施过程至关重要，要设计教学的过程，包括教师活动、学生活动的设计和设计意图的说明。当然教学设计应有全局观，做到整体与部分的辩证统一，最终实现教学系统的整体优化。

（2）程序性原则。教学设计中各部分是有序地成等级结构排列，只有先经过教材分析、学情分析并结合课程标准之后再确定的教学目标和教学重难点，这样得出的教学重难点才是有根据的。因此教学设计中应体现这一程序性，确保设计的科学性。

（3）反馈性原则。教学设计并不是终止于教学过程，教学实施之后还应该多反省获取反馈信息，比如实施效果怎么样，哪些地方好，哪些地方不足都要记录下来，以便修正、完善教学设计。

（4）可行性原则。教学设计要"因材施教""因地制宜"，既要考虑学生的年龄特征、已有的知识储备等主观条件，还必须考虑教学设备、地区差异的客观因素。教学设计如果不是从实际情况出发的，再优秀的设计也是空中楼阁。

基于翻转课堂教学案例的设计同样必须遵循上述教学设计的原则，在整个设计过程中要充分考虑教学目标、学情分析、教学内容、教学方法以及教学评估的整体性。同时，又要把握好每一部分的顺序性、关联性。除此之外，还要满足可行性原则，考虑学生特点以及具有的教学设备等主客观因素。

### （二）翻转课堂教学模式设计创新点

通过对以上教学模式进行分析，综合翻转课堂实施情况，发现现有教学对课前传授、课上知识内化的教学形式翻转关注较多，对教学中学生积极性较差、知识建构较为混乱等问题关注较少，基于以往教学中出现的问题，将在翻转课堂中进行相应改善。改善主要分为以下 3 个方面。

第一，课前视频一开始提出基于尼尔森逆向思维学习过程模型的简单自主探究实验，并依据该实验提出问题任务单，让学生根据任务的相应提示、课前视频相应知识进行实验的设计，在课上进行相互讨论以及实验演示验证，用简单实验激起学生的求知欲、好奇心，并且实验较为简单，适用于绝大部分学生。

第二，在观看视频结束后，请同学完成相应的习题并且画出本节课的思维导图，在课上对学生的思维导图进行知识引导、知识完善，使学生建立起对本节课的正确知识结构。

第三，在整个翻转课堂实施过程中贯穿核心素养理念，利用实验探究、小组合作等方式培养学生自主发展、社会参与等核心素养，在潜移默化中使学生的创新精神、实践能力、开放思维等得到一定提高，学生获得一定进步。

课前自主探究实验任务单根据布鲁姆的教育目标分类学、尼尔森的逆向思维学习过程模型进行相应任务设计。我们日常中遇到的问题一般表现为先具有相应知识，之后根据已有的知识进行实验的设计以及验证，而对于逆向思维学习过程模式来说，学生学习课程以及问题解决过程中，表现为从问题的设计以及创新开始，一开始提出本节课的问题探究任务单，让学生带着问题进行知识学习，在学习过程中分析问题原理、应用知识内容、促进知识点理解、提高知识掌握。基于该理论的支持，将在翻转课堂课前视频一开始加入自主问题探究实验，使学生在求知欲的引导下能够最大限度地完成知识的学习以及内化，进而使学生的发展能够符合核心素养、素质教育的相应要求。

### （三）翻转课堂过程阐述

#### 1. 课前准备方面

对教师来说，能够对知识点有比较透彻的理解，根据已有的知识经验以及学生可能存在的困难，整理本节课重点、难点，并在学生现有学习情况下，选择合适的教学方法、教学内容、教学手段等录制教学视频，设计对应的课后同步练习，并能够根据本节课中知识的相应特点，设计一开始的自主问题探究实验的任务单，之后将学习资料通过 QQ 群或者智慧课堂客户端在课前发送到学生的手中，学生学习情况可通过智慧课堂客户端或 QQ 群进行数据跟踪。

对学生来说：一方面课前自主下载并观看课前视频，同时完成同步练习、学习任务单、学习内容的思维导图；另一方面学生可以就观看视频、完成习题过程中出现的疑惑进行在线讨论交流，可以向教师请教，也可以同学之间进行互相交流。课前观看视频以及疑难交流过程对于学生的学习尤为重要，如果课前没有很好地进行知识学习，那么可能出现课上跟不上同学、教师节奏的情况。

#### 2. 课中指导阶段（分为 3 部分）

课中指导阶段分为 3 部分进行，第一部分为课前实验以及自主探究实验演示，第二部分为疑难问题讨论与解答，第三部分为思维导图的引导改正以及总结概况，下面将分开进行阐述。

第一部分：就课前视频中出现的物理小实验进行小组演示，需要注意的是考虑到学生对物理实验具有很高的兴趣，为激发学生学习的主动性、积极性，将请课前认真预习的学生上台演示；就视频中出现的简单自主探究实验来说，请同学各抒己见，请小组代表实验展示并进行说明，提高学生开动脑筋、积极思考的能力，激发学生的求知欲，对于积极认真思考的学生给予表扬，增加正强化，使学生能够在日常生活中养成独立思考、积极探究的良好学习习惯。

第二部分：课前对学生错题情况进行分析，找出学生学习过程中存在的重难点，对这部分问题采用小组讨论方式，随机请学生回答对该题目的思路，对于学生的回答教师给予指导以及帮助，在师生的共同交往下完成新课知识讲授。在该过程的具体实施中，要注意的是如何有效地对学生进行问题引导，因为在实施过程中发现很多学生并不能够很清晰、流利地表达出自己的想法，心里明白，但是说不出来，需要教师在实施过程中加以注意并妥善处理。

第三部分：请同学展示课前对该节课的思维导图，目的在于使学生在课前建立起课程结构框架，教师可以根据学生的思维导图找出该学生在学习中存在的不足，通过课上展示的方式，不但能够使该学生了解到自己的不足，而且能够使学生对原有的知识进行补充完善，从而建立起属于自己的知识体系，真正做到知识理解，从而对学生的整体学习起到良好的促进作用。

**3. 课后交流阶段**

课后教师进行相应知识的检查测验，针对学生出现的个别问题，可以同学、小组之间互助解决，也可以教师单独辅导及时解惑答疑。

与家长就学生的学习问题在微信群或者 QQ 群进行总体交流以及展示，设置一月为期的奖惩制度。例如，可以表扬课上积极回答问题、努力学习的学生，表扬一月内小组最佳的学生，针对个别没有好好学习或者作业没及时完成的学生，私下里与家长进行交流，并通过积分制的方式进行奖励以及恰当的负强化。

翻转课堂这种家校之间相互交流、合作的教学模式，一方面有利于家长了解学生的学习状况，在最大程度上帮助学生学习，积极查找学习缺漏、改正学生学习不良习惯等；另一方面有利于家长了解学校、教师工作，了解教师在日常生活中对学生的关爱以及帮助，从而使家长与学校、教师之间相互理解，相互配合，共同促进学生学习进步、健康成长。

## 二、开展翻转课堂教学的实施建议

### （一）尝试多课型采用翻转课堂模式

翻转课堂模式不仅在新课讲授时采用，在实验探究课、讲评课、习题课、复习课、拓展课等其他课型中也可以尝试采用翻转课堂模式。比如：在上实验探究课前，老师提前录制教学微视频，提出需要探究的问题及注意事项，让学生在课前有充足的时间设计和制定实验方案，这样，学生一进入实验室就能迅速地动手实验；在上讲评课前，老师把每一道题的解答方法录制成微视频，学生在拿到试卷后，在课余时间观看自己做错的试题的微视频，这样老师在课堂上就可以省出很多时间重点讲解学生观看视频也解决不了的难题，从而提高课堂教学效率。

### （二）从独立研究走向团队合作

狭义的团队合作指学科内部老师间互相帮助，分工合作。当前，翻转课堂的理念为越来越多的教育同人所知晓，因而，实践中就具备了从独立研究走向团队合作的条件。同一门学科的老师，在集体教研的基础上，根据课程标准的要求，将不同知识点的讲解任务分配给不同的老师，由他们创作教学微视频，设计进阶作业，录制好之后全体共享。与此同时，微视频的录制过程中，也可以采用团队合作的方式，资深老师可以贡献思路，设计如何教学；年级老师熟悉电脑操作，可以录制并后期编辑微视频。另外，与全国各地开展翻转课堂的中学联系，分享教学中的心得体会，也是一种更广泛意义上的团队合作方式。

广义上的团队合作指专家、老师、学生、家长四方面通力合作，形成一个广泛的团队。由专家提供指导思想、老师应用实践、学生反馈评价、家长督学，团队群策群力，这样才能保证最全面地听到不同的声音，修改并完善翻转课堂模式，更有效地发挥其优势。

### （三）增加教学微视频的趣味性

高中阶段的学生普遍认为物理知识难于理解，翻转课堂要求学生课前学习微视频，那么老师在制作微视频时就需要考虑两方面因素：一是将学习难度控制在学生的最近发展区内，二是要尽量提高微视频的趣味性。目前，两位老师所制作的微视频已经做到了短小精悍，基本可以让多数学生能“一口气咽下去”。那么，如何在保证知识准确、严谨的前提下，提高微视频的趣味性呢？笔者认为，可以通过以下方式来增加微视频的趣味性。比如：可以使语调多变、语言诙谐幽默；可以多举些现实生活中的例子，力求贴近生活；可以尝试两个人搭档，一问一答的方式录制微视频，使学习更亲切。

### （四）建立物理教学微视频库

建立一整套物理教学微视频库，并加以分类，包括新课讲授，习题课讲解，实验课前预习，复习课的总结回顾等，让学生们只要想学习，在任何时间任何地点都能够看到自己想看到的教学微视频。有了微视频库，学生们不仅可以随时复习以前学过的知识，学有余力的同学还可以提前预习后续学习的内容。当然这个视频库的建立需要一点一滴地积累，如果视频库完整，我们可以大胆地设想，老师只需要录制一次教学视频而不需要在教室里重复地讲授，每个学生都按照自己的步调学习并完成进阶作业，这样老师就可以利用更多的时间去帮助那些学习有困难的学生。

### （五）针对教学内容精心设计问题

古人云："善问者如敲钟，叩之小者则小鸣，叩之大者则大鸣"，可见提问的重要性。无论在微视频里还是课堂上老师讲解的知识究竟被学生掌握多少，主要取决于学生能否积极地思考。而教学中老师一个巧妙的提问，常常可以立刻引发学生的思考，从而激发学生的学习兴趣，促进学生的自主学习。因此，老师要依据教学内容，结合生活实际，精心设计问题。

依据教学内容、教学作用的不同，问题可以设置在不同的地方。比如：在微视频中讲解教学重难点时，提出设疑式问题，引起学生的有意注意和独立思考；在微视频中类比教学时，提出对比式问题，诱导学生寻找两者的区别和联系，加深理解，发展学生的求异思维；在微视频的结尾时，提出问题、布置任务，可以给学生充足的时间动脑思考、查阅资料，为课堂教学做准备。

# 第五章　素质教育视角下现代教育技术与物理教学的融合创新

## 第一节 高校开展信息素质教育的模式与策略分析

### 一、信息素养教育的模式

#### （一）信息素养教育模式的构成要素

目前，世界各国都在积极推进信息素养教育改革，以积极改善基础教育及高等教育在教育思想、教学内容、教学模式、教学评价等方面的教育环境。大学本科生不同年级都需从信息意识、信息能力和信息道德 3 种模式中提高和评价，如图 5–1 所示。

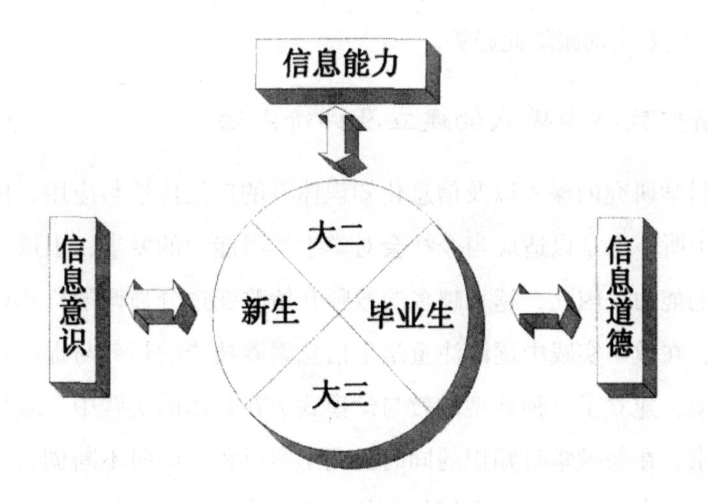


图 5—1 本科生信息素质教育模式

信息素养教育模式的构成要素包括信息意识、信息能力和信息道德3个方面。信息意识是指信息的获取者对信息的感受力、判断能力和洞察力，是人们对自然界和社会的各种现象、行为、理论观点等从信息的角度理解、感受和评价。对于高校学生，信息意识的高低直接影响着他们对获取课程体系及学科知识所要求有效信息的自觉性。信息能力是指信息的获取者对各种信息的理解能力和捕捉能力，是学生信息素养能力的重要组成部分。一般包括计算机的使用技能、检索工具有效利用、检索的高效性与方向性等方面，对于高校学生，信息能力直接影响他们信息获取的途径是否合理，信息获取的结果是否准确，信息处理的理解利用是否高效。信息道德是指在信息的收集、处理、传播和利用等信息活动的各个环节中，用来规范其间产生的各种社会关系的道德意识、道德规范和道德行为的总和。它通过社会舆论、传统习俗等，使人们形成一定的信念、价值观和习惯，从而使人们自觉地通过自己的判断规范自己的信息行为。对于高校学生，信息道德要求他们在与信息发生接触的整个过程中，遵守相关的法律法规，保证信息的来源合法合理，同时信息的使用不能使他人利益受到损害。

### （二）信息素养教育与其他学科领域的整合

为了更好地开展信息素养教育，其他国家各学科领域的专业课已在积极实施新的课程标准，以使信息素养技能与其他课程知识体系相融合。如全美教师委员会在其制定的“学校教学的课程和评价标准”中提出“学习数学在掌握一系列的概念、技能的基础上，同时要加强调查及推理的方法、交流手段以及学习过程概念的学习”。现在的跨学科研究，交叉学科的学习，新兴学科的开拓等，都在大量地招引具备信息素养和多学科整合能力的人才的参与。目前，从高考到研究生招生，越来越多地加大了对跨学科人才培养的需求，信息素养教育一定要主动跟随此趋势。

### （三）新型教与学模式的建立及评价方法

伴随认知科学研究的深入以及信息化知识体系的广泛传播与应用，传统的教学模式（教师讲，学生听）已难以适应当今社会对学生学习能力的要求，也进一步限制了他们今后适应社会的能力。因此，越来越多的教师开始改变过分强调学科知识体系重要性的传统教学模式，在教学实践中逐渐注重学生信息素养技能的培养与提高，努力营造良好的信息素养环境，建立了一种新型的教与学模式。在具体的实践中，教师首先充分考察学科领域的要求，在兼顾学科知识的同时强调学习过程。同时不断创新学习活动，通过开展合作式活动等方式提高学生利用信息的兴趣与能力，丰富他们的学习经验。如学生可以与学校图书馆资深馆员（学科馆员）一起设计课程，在设计过程中学生充分发挥了自主性与创造性，提高学生的学习兴趣。在涉及信息检索的查询及引用时，学生可以在自身理解的基础上与图书馆学科官员开展讨论、探讨，从而加深了对学科知识的理解与应用，避免了传统教学方式中对学生信息素养培养的忽视。新型信息素养教育环境下的模式如图 5-2 所示。

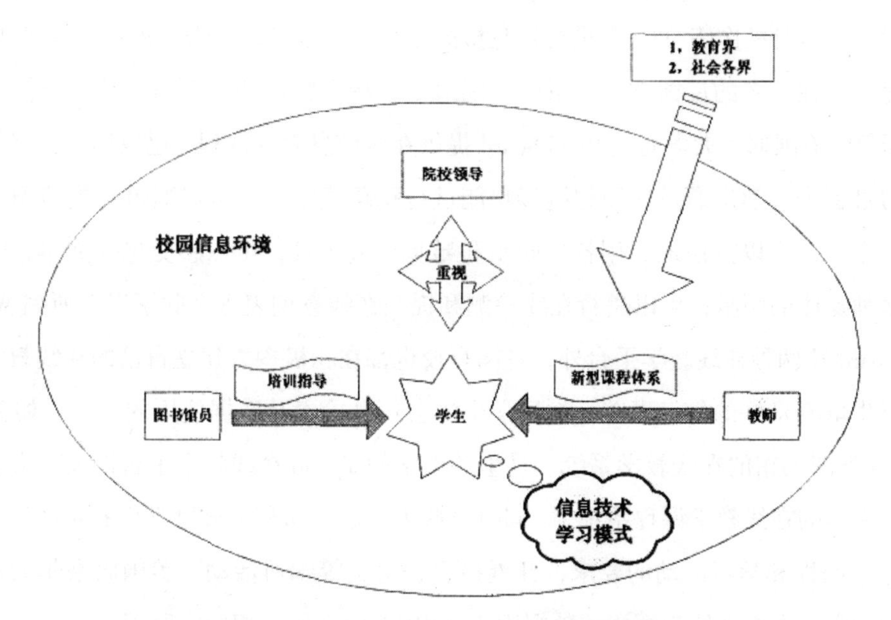


图 5—2 新型信息素养教育环境下的模式

在教学评价时，新型教与学模式也开始注重学生在学习过程中信息使用能力、自主性与创造性的发挥，而不仅仅单纯将学习成果作为评判标准。如教师可以通过各种途径收集用于学生评价的资料，学生在日常的学习过程中也可以利用自评问卷或学习作品等形式展示自己学习过程的收获与学习过程。新的信息环境要求受教育者不仅能及时掌握大量的信息，更要掌握信息获取、信息评价、信息应用的方法。所以需建立信息素养教育的相应评价指标，更好地进行分析和评价。

### （四）开发在线信息素养教育的教学平台和建立普通教学网站

这种模式被当前开展在线信息素养教育的大学图书馆所广泛采用。

#### 1. 开发在线信息素养教育的教学平台

在线教学是一个全新的教学环境，具有跨越时空和人力物力限制的资源利用最大化、随时随地进行选择的学习行为自主化、师生交流与学生自学等学习形式交互化、个性化的教学形式修改化、利用新型教育工具即网络的教学管理自动化的诸多优势与特点，它能够提供给使用者多元化多功能的网络学习环境。在线教学平台由教授子系统、学习子系统、管理子系统、评价子系统4个子系统组成。目前很多国外大学已经通过利用WebCT、Blackboard等在线教学平台，开展学生在线信息素养教育。例如，美国威斯康星大学Parkside分校利用WebCT开展在线信息素养教育，效果显著。学生可以根据自己的情况选择不同学习路径和学习内容；学生可以方便地与教师或其他学生进行交流，并随时进行实时操作练习； 在进行自我检测之前，学生可以点击“Review me”按钮进行再次复习；在答案的反馈方面，系统分别给出对特定题目的反馈信息核对整体情况的统计分析等。美国耶鲁大学通过Blackboard提供在线信息素养课程，也取得了良好的效果。在学习过程中，学生通过使用超链接功能进行跳跃式学习；可以通过预先检测了解自己目前的水平；可以方便地利用各种同步和异步交流工具；可以感受包括文本、图片、视频等多种媒体的刺激；可以进行在线检测和提交在线查询表等。除了以上所列WebCT和Blackboard这两种在线教学平台外，各国高校也都在积极探索建立自己的在线教学系统，帮助学生培养良好的信息素养，教授学生学会信息检索及数据使用的方法。如美国Delaware大学图书馆的在线教学系统、马里兰大学的Tycho在线教学平台以及澳大利亚昆士兰科技大学的在线教学课程系统等。同时一些大学图书馆积极鼓励学生利用图书馆资源，结合教学课程和学习活动的要求，开展报告、论文等学习活动。美国康奈尔大学图书馆及加州大学图书馆在线教育资源数据库（CORE）便开展了相关实践探究。

2. 建设普通教学网站

建设普通教学网站是指高校图书馆通过合作的形式，利用网站开发的技术自行构建相关信息素养教学网站并引导学生使用。利用教学网站可以利用当前学生对网络的依赖性，充分发挥网络及时、可接触性强的优势，在学生使用教学资源的过程中提高信息素养。目前国外信息素养建设较为著名的是美国得州大学信息素养指南（Texas Information Literacy Tutorial，TILT）。TILT指南的核心内容是分为选择、检索和评价3部分。其中选择模块主要包括：信息源说明、图书馆和网站的说明及比较、期刊索引的说明及利用。检索模块主要包括：数据库的检索利用、网站及搜索引擎的利用等；评价模块主要包括：信息资源定位、信息评价等；TILT可以提供交互性的操作练习，在线检测，在线帮助，信息反馈，多途径导航及个性化服务选择等功能。同时，TILT还提供了Internet入门及图书馆虚拟导游等服务。TILT的形式创新、内容创新及互动性创新得到了广泛的认可，现已成为使用范围最广、评价反馈最好的美国在线信息素养教育指南之一。

### （五）信息素养教育的全球化发展

1990 年，美国 75 个教育部门组成成立了信息素养国家论坛（NFIL），积极促进各类教育管理机构、协会组织制定并开展各种信息素养项目，广泛开展信息素养教育的合作与交流，同时它也影响了许多英语国家和国际机构，包括国际视听素养协会、国际学校图书馆协会、澳大利亚和新西兰信息素养研究所和信息协会在内的国际及地区组织，广泛参与了美国信息素养论坛的活动，很多在其基础上进行了发展和创新。如英国舍费尔德大学成立了专门的信息研究部，从事相关研究，同时为本校的研究生、博士生开设了相应的信息素养课程，并由图书馆具体负责参与。澳大利亚相关部门组织成立专门的信息素养论坛，加拿大编辑出版了面向中小学教师的信息处理、信息转换等教科书；墨西哥、新加坡等国也采取了积极行动。近年来，信息素养教育在其他非英语国家、发展中国家也得到了快速发展。

2003 年 9 月，由美国国家图书馆、信息科学委员会（NCLIS）和美国信息素养论坛组织的国际信息素养专家会议在捷克共和国召开，会议得到了联合国教科文组织（UNESCO）的资助，并吸引了 23 个国家的 40 多位专家参加。会议发表了题为《迎接有信息素养的社会》的布拉格宣言。宣言认为信息素养包括人对信息的认识以及为解决面临的问题确定、查询、评价、组织和使用、交流信息的能力，这是有效进入信息社会的前提条件，是终身学习的一部分。政府部门应该出台相关跨学科计划，以促进国家范围内受教育者信息素养的提高，通过培养具备较高信息素养的公民，以促进社会的文明发展及工作效率的提高。推动信息教育发展模式如图 5-3 所示。

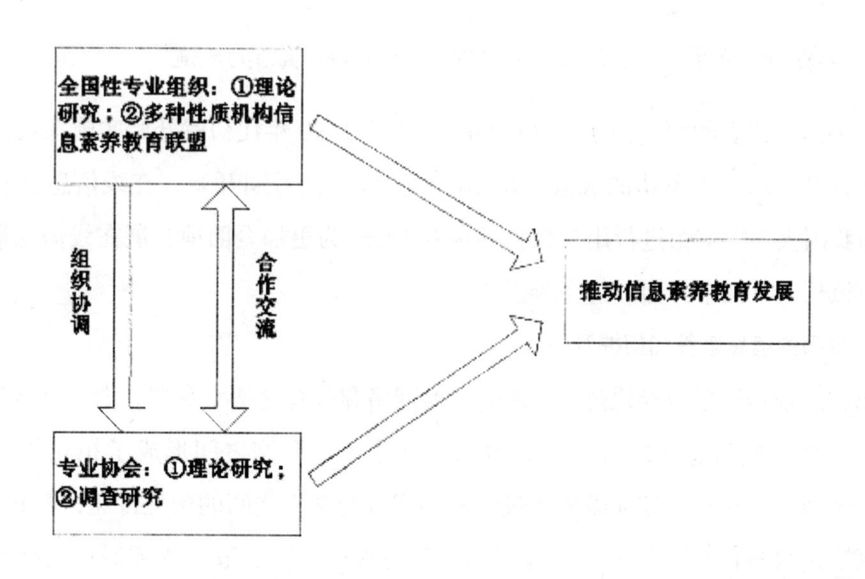


图—3 推动信息素养教育发展模式

## 二、信息素养教育的策略

### （一）优化信息素养教育的课程的评估体系

传统的信息素养教育课程偏重专业知识和特定信息资源的理解（属于低级图书馆技能）和相对独立的计算机技能（信息搜索技能），达不到提高学生解决问题能力的目标。信息素养教育是提高学生的终身学习能力，培养创新型人才的重要途径。知识创新的基础建立在良好的认知技能、客观的批判性思维、较强解决问题的能力和自身具备创新精神的紧密结合，这恰恰是信息素养教育的初衷和最终目标。1990 年艾森堡（Eisenberg）和伯克维茨（Berkowits）博士共同创立了一个旨在培养学生信息素养、基于批判性思维的信息问题解决系统方案。他们指出要将多种独立的计算机技能（信息技能）有效地整合在一起，整合过程中要注意以下两个问题：首先，必须保证信息技能与课程内容和课堂作业相互联系；其次，各类信息技能必须通过逻辑性、系统性的信息过程模型整合在一起。如此一来，相对独立的信息技能便能顺利地被融合到信息问题的处理过程中去，学生便能明确他们的任务、进而确认计算机是否能够帮助他们完成任务、他们也能够将计算机的使用作为发现问题、解决问题、做出决策、实现目标的一部分操作过程，也因此提升了自身的计算机素养，从而能够灵活多变地、富有创造性地、目标明确地将计算机技能运用到学习过程中去。通过信息技术教育使学生具备明确目标、确定范围、检索信息、获取信息、汇总信息、评价信息、传输信息、应用信息的能力，教育学生正确认识和理解与信息技术相关的文化、伦理和社会等问题。

### （二）大学图书馆开拓在线信息素养教育的措施

以美国为代表的西方国家从 20 世纪 80 年代末 90 年代初就开始实施在线信息素养教育，并且已经取得了不错的成效。从 20 世纪 90 年代后期开始，在线信息素养教育已逐渐成为我国大学图书馆进行用户教育的重要方法。为更加全面地开展在线信息素养教育，我们应该从以下几个方面进行完善。

#### 1. 教师的信息素养如何提升

恩科总裁钱伯斯曾经说过：“谁能掌握网络和教育这两大利器，谁就能掌握未来。”在社会发展不断信息化的背景下，教师、学生、互联网之间形成了相互关联的圆圈关系——教师与互联网：教师需要通过互联网实现与学生之间的信息传递；互联网与学生：互联网通过自身信息容量大、覆盖范围广等特点为学生获取信息或运用网络资源进行在线学习提供帮助；学生与教师：在互联网不断更新换代的影响下，教师也被赋予了信息时代的新角色，他们从过去的课程讲授者逐渐转变成辅导者和学习资料的提供者，从使用粉笔板书的传统教师逐步过渡成借助投影仪进行授课的现代化教师。

对于真正意义上信息素养高的现代化教师，应该从以下几方面来不断提升自己：首先，应该固定阅读一些网络技术方面的书籍，了解网络礼节，知道信息安全的重要性，尊重他人知识产权，禁止不注明出处的情况下随意引用或抄袭他人文献作品；其次，应将计算机看作一般教学工具，在教学中多采用网络技术及多媒体技术，用PPT幻灯片或者Word讲义进行授课；最后，要保证自身信息素养能够日新月异，紧跟信息网络的发展步伐，不断更新信息技能知识体系。

2. 建立合理的在线信息素养教育评估系统

为了促进学生成长、改进教学，必须建立在线信息素养教育评估系统。建立一套行之有效的评估体系需要教育工作者不懈努力与实践，这些人主要包括非教学教育工作者（如图书管理员）和教学教育工作者。在线信息素养教育评估体系的建立主要包含两方面：一是确立信息素养能力的评估标准；二是建立在线教学的评估体系。分析美国制定的评估标准可以看出，学生的学习成果是评价教学成效的一级指标。这种把提高学生的综合能力作为课程开发质效的一级评价指标的做法，值得我们借鉴。在线信息素养教育平台基本模块如图5-4所示。

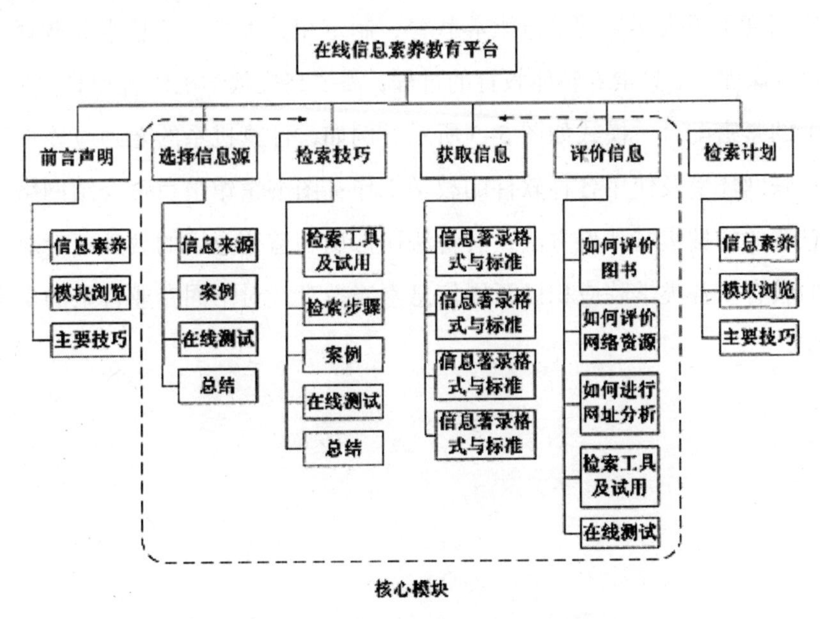


图5—4 在线信息素养教育平台基本模块

3. 选取恰当的教学设计模式，提升在线信息素养教育课程水平

在线课程水平会直接受到教学设计模式的影响。教学设计研究的是怎样才能使实际

教学高效地引领学生实现学习目标，使学生的能力得到最大限度的提升。选择合适的教学设计模式来表现在线课程的内容、素材和案例，有助于提高学生的问题分析能力、知识运用能力和自我评价能力。

以四要素教学设计为例，它不同于通常课堂上以“知识传递”为目的的教学，它将教学模式分为4个要素：学习任务、提供支持性信息、程序性信息、提供部分任务练习。该模式的目的是使学生明确目标，通过相关信息支持解决困难，并通过最终的任务练习实现目标的全过程。选择恰当的教学设计模式，学生可以掌握独立识别问题、提出问题、解决问题的技能，而这些恰恰是信息素养能力的一种体现。

#### 4. 采用成效显著的教学方法，提高学生在线信息素养能力

信息素养教育不仅是启蒙和思索的知识体系教育，也是信息技能、图书馆技能的基础教育。图书馆馆员若要成为信息素养的培养者，就必须使用行之有效的教学方法。目前，国内的大学图书馆在信息素养教育中很少涉及教学方法。因此，大学中的教育工作者应在在线信息素养教学法的研究方面多下功夫，积极探究行之有效的教学方法与教学策略。

### （三）大学生信息素养教育的途径

#### 1. 创造良好信息教育环境，营造提高信息素养氛围

学校应高度重视大学生的信息素养教育，制定相关大学生信息素养教育规划，开设信息素养教育课程。信息素养整体教育的过程，需要高校教学工作者和非教学工作者（图书馆馆员）的紧密配合，模式如图5-5所示。例如，计算机系的老师应该承担计算机基础知识、互联网环境及使用各种软件的教学工作；图书馆馆员负责介绍网络资源，尤其是文献信息资源的搜集与评价方法；具备法律常识和道德意识的教师负责对学生进行道德与法律的教育。各类学院应积极开展信息素养教育，对不同专业背景的学生应有同样的学习标准。

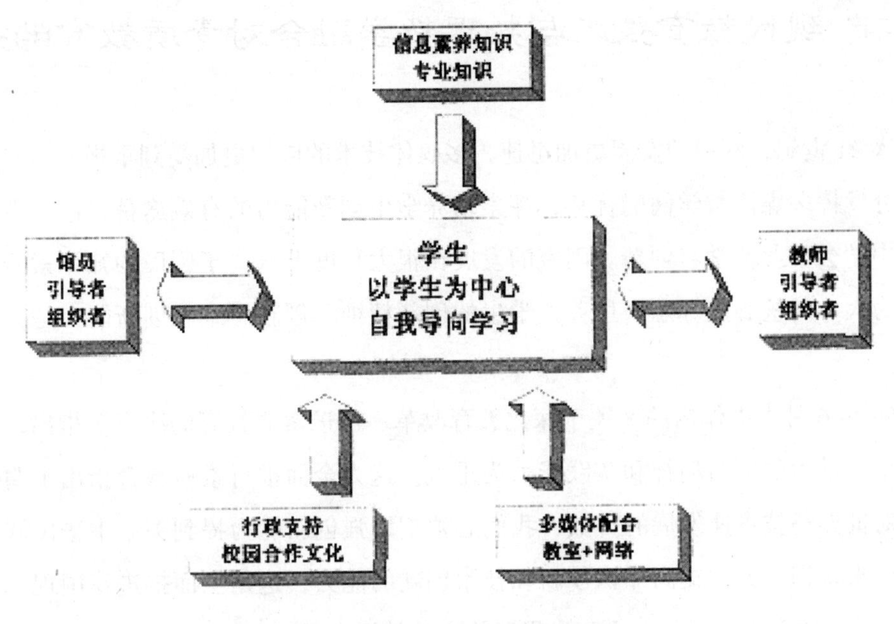


图 5—5 馆员—教师协同教育环境

2. 开设培养信息技能专门课程，进行系统信息素养教育

伴随着信息技术的不断更新，世界各国都陆续开展了信息技能方面的课程。我国的很多高校在进行课程设置时，也都对计算机信息课程进行了正确合理的安排，并要求在校学生毕业前应达到一定的计算机等级考试水平。专业的信息技能是提高学生信息素养的主要方法之一，当代高校的信息教育逐渐从让学生学习一种计算机程序设计语言，学会编程转变为强调培养学生的计算机应用能力。随着信息技术的发展，人们不需要进行程序设计就能够快捷地使用计算机，也就是说社会对软件应用型人才的需求将逐步超过对程序设计人才的需求。因此，高校在进行信息技术课程设置时，应以提高学生信息检索和运用能力为目标，达到学生可以借助计算机信息系统完成学习过程的目的。

3. 充分发挥图书馆作用，为信息素养教育提供坚实的平台

在大学的信息素养教育中，图书馆种类齐全的参考资料和专业知识信息发挥了很大作用。图书馆的非教学工作者应该通过向学生教授信息的生产、组织存储和传递等相关知识，使学生获得自主检索信息和利用网络资源的技能，提高大学生利用网络信息的理论素质和技术素质。大学图书馆作为高等学校的信息中心，是为教学和科研服务的学术性机构。坚持服务第一，积极开展主动服务，不断提升服务层次和质量，是网络环境下高校图书馆核心价值体系的本质内容。文献检索课教师更应当担当起信息素养教育的使命，与教育客体及其教育主体一起互动，共同构建和谐、科学、发展的信息素养的明天。

## 第二节 现代教育技术与物理教学融合对素质教育的推动

进入21世纪，网络的发展更加迅速，多媒体技术的应用更加受到重视，这些都要求我们充分发挥多媒体教学网的优势，探索培养学生创新能力的有效途径，让学生在学习的过程中学会学习，学习创新。国家的发展在很大程度上取决于国民的知识素养，创新能力成为人才的核心的标志。培养大学生的创新精神、创新思维和创新能力是我国教育的关键。

1999年6月中央作出的《关于深化教育改革、推进素质教育的决定》指出，素质教育要以培养学生的创新精神和实践能力为重点。这为全面推行素质教育指出了明确的目标。面对世界科技飞速发展的挑战，我们必须把增强创新能力提到关系中华民族兴衰存亡的高度来认识，大力提高知识创新和技术创新的能力，这是全面推进我国现代化事业的必然选择，也是中华民族自立于世界民族之林的根本保证。

### 一、现代教育技术有利于培养学生的创新思维和创新能力

创新性思维就其过程而言，实际上是综合运用多种思维过程，而发散思维、直觉思维和形象思维是培养创新思维的重要途径。发散思维，包括求异思维、逆向思维和多向思维，是主体面临问题时的思路由一条扩展到多条，由一个方向转移到多个方向的思维形式。传统的高校教育是以传播知识和文化为目的，没有意识到教育是培养学生的学习方法和创新能力。学生迷信书本、迷信老师，不敢提出任何质疑，这种教育模式是填鸭式、灌注式；这种方式的教学方法严重地束缚了学生学习的主动性、积极性，抑制了学生学习潜力的开发，抑制了学生主动思考、主动探索和创新思维能力的培养，学生习惯于正向思维和固定思维，造成了一种思维定式。直觉思维是创新性思维的一种形式，是瞬间做出快速判断却并非凭空而来的毫无根据的主观臆断，是建立在丰富的实践和宽厚的知识积累基础上，运用直观透视和空间整合的方法所做出的直观判断。形象思维的基础是观察能力、联想能力和想象能力，而想象能力又包括再造想象和创造想象。现代教育技术环境中，虚拟现实技术能够构造出最佳的课堂教学环境，能够提供和展示各种趋于现实的学习情境，把抽象的学习与现实融洽起来，诱导学生即席思考，激发学生的联想思维。

创新是指能为人类社会的文明与进步创造出有价值的、前所未有的全新物质产品或精神产品。随着高新技术与知识经济迅速发展，人类开始进入信息时代，信息时代需要有创新能力的人才，因此重视创新能力的培养是当前教育的一大特点。创新能力是指个

人提出新理论、新概念或发明新技术、新产品的能力。创新是人的基本特性，但主动积极的创新精神、创新能力需要后天培养。基于计算机和网络的智能教育环境，能满足不同学生的发展需求，并且可以使学生从不同的方式中获取信息，感受方方面面的刺激，从而激活学生创造的火花。所以多媒体现代教育技术的运用，不仅对传统教学的观念造成了冲击，而且其开阔的视野、全新的内容、立体化的信息来源为学生活跃的思维插上了翅膀。我们要有意识地加以利用，使每个学生的创新素质在不知不觉中得到不同程度的提高。

## 二、学生的创造性学习离不开现代教育技术的运用

现代教育技术是以当代科学技术的发展为背景的，是当代信息技术、网络技术在教育领域的应用，它并不仅仅是物质技术的体现，它还包括与该物质技术相适应的教育理论、教育思想、教育观念以及教学模式等。具体讲，现代教育技术是指以计算机技术、网络技术、通信技术、多媒体技术、虚拟现实和模拟仿真技术为支撑，以现代教育理论和思想为指导，以系统的方法为基础，利用教育的智慧经验、方法技能和工具手段，通过对教学过程、教学资源进行设计、开发、应用、管理和评价，以实现教育过程的最优化。现代教育技术并不是指单纯的物质技术，而是先进教育思想与先进科学技术相结合的产物。

面向 21 世纪教育的 4 大支柱，就是要培养学生学会 4 种本领，即学会认知、学会做事、学会合作、学会生存，这正是素质教育所要达到的基本目标，也是学生进行创造性学习的灵魂所在，它需要通过现代教育技术的运用来加以实现。

应用现代教育技术，可以把课堂以教师为中心的传授式的教学过程，变为以学生为主体，在教师的指导下进行探索性的学习过程，通过访问和表达，本身就是一个发现问题、思考问题、积极探求解决问题的学习过程，这一过程便培养了学生的平等意识、创新意识、创新思维以及积极参与和探索的精神，为创新人才的培养提供了良好的条件和难得的机遇。

## 三、现代教育技术的运用有利于增加学生学习的主动性

学习的基本要求在于构建自己的认知结构。接受外界信息刺激之后，不能仅停留在能把这些信息进行储存、记忆这样的层面上，而要向更高级的形式发展，学习者要有意识地指导自己把学习过程再向前推进，把新知识同化、融合到原有的知识结构中，形成丰富的认知结构。创新学习是一种高级的学习过程。它是对未知事物及其内部关系的推断、认识，并对未知问题提出解决方案使之得以顺利解决。我们利用多媒体教学手段进行教学，

目的就是激发学生进行创造性学习的热情。

多媒体现代教育技术及网络的实施，增加了学生学习的主动性，培养了学生的个性，有利于学生进行创造性学习。多媒体教学所创设出来的智能化学习环境，是学生智力、能力、心理发展的一种理想环境。在传统教学中，学生的学习活动很大程度上需要依靠考试测验、教师训导的外力，需要依靠教师对教材的重要性、必要性的反复强调来推动。而在多媒体教学环境下，学生获得知识是在教师、同学的帮助下，通过独立探索或者和同伴协作交流，进行知识意义的主动建构进行的。在这个过程中，学生是对信息进行选择性加工的主体，而不再是简单的接收器和存储器。这为学生提供了更宽松、更安全、更利于个性发展的空间，十分有利于学生素质的整体提高。

根据美国教育家杜威的观点，理解在本质上是与动作联系在一起的，在多媒体教学环境中学生学习的过程是通过与计算机交互进行的，是在做中学展开的。学生应掌握的知识，包括新概念的提出、知识重点的展开和难点的化解以及知识的巩固应用，往往需要学生亲自动手操作才能完成。这种方式适应了学生喜欢自主参与、探索体验的心理特征。它是学生获得学习动机的原型，有效调动了学生的内在需求。加之软件所提供的生动活泼的多媒体反馈信息，又不断刺激学生对新信息的搜索与提取过程，使学生始终处在兴致勃勃的创造活动中和在真切把握认知对象的感受下展开学习过程。学生不但获得了知识，更重要的是获得了具有创造意义的学习方法和实践动手能力。观察发现，处在多媒体教学环境下学习的学生，尤其是当他们的兴致集中于有一定难度、有一定趣味的学习内容，或是具有竞赛成分的习题时，情绪愉悦，思路清晰，处理信息的速度也显著提高。

钱伟长指出，教学改革更深层的问题还是怎么教与怎么学的问题，教书的关键在于教给学生一种学会思考问题的方法。21世纪的文盲不是不学习的人，而是不会学习的人。衡量学生的学习质量，不仅看学生掌握知识是否正确，还要看学生获取知识的方法是否正确。现代教育技术深刻地改变着教育观念，打破了传统的灌注—复习—考试的定式教学模式，教给学生科学的思维方法，能够开启学生思维，训练学生的思维能力，为学生提供了一个跨时空、大信息量和个性化、智能化的学习条件和环境，培养学生的分析、判断、解决问题的思维能力，把创新思维逐步融入学生的知识结构中，使学生成为具有创新精神、创新思维能力的高素质人才，适应21世纪科学技术发展的需要。

## 第三节　现代教育技术与物理教学融合对素质教育的重要意义

在当今这样一个网络时代，由于计算机和互联网的迅速普及，极大地改变了人们的生活方式和学习方式，人类的社会生活在进行着深刻的变革。毫无疑问，在这场汹涌而来的技术革命当中，人们一直以来所习惯的传统教育模式受到了极大的挑战。教育模式呈现出多样化，现代教育技术已成为教育领域中的一个普遍潮流。21 世纪的素质教育应适应以网络手段获得教育资源的方式，即利用以网络为基础的现代教育技术，构建以师资共享为核心的全新的素质教育模式。

所谓以网络技术为依托的现代教育技术，是指随着计算机技术迅速发展起来的新兴教育，建立在网络技术平台上，利用网络环境进行的教育、教学活动，是现代信息技术应用于教育后产生的新的教育形式，即运用网络技术与环境开展的教育。它在数字技术、多媒体计算机技术、网络传输技术、交互技术等的支撑下，在教学新理念的渗透中，可以构建出理想的、虚实结合的学习环境和人文氛围。教育的要素包括教育者、受教育者、教育内容、教育媒体、教育环境与时间等。就现代教育技术而言，网络与其他媒体一样，都是传播工具。现代教育技术的实质仍然是教育。素质教育，是指以提高国民素质和民族创新能力为根本宗旨的教育，它特别强调学生创新意识、创新精神、创新能力的培养。正是因为现代教育技术所体现出来的传统教育所不具备的技术手段上的优势，所以对学生创新能力的培养有着极大的推动作用。

### 一、现代教育技术是素质教育的数字化体现

21 世纪的教育将是全球化的开放式的大教育，将是具备素质教育、个性化教育及创新教育为特征的教育，现代教育技术对于推进 21 世纪素质教育的发展起着极为重要的作用。推进素质教育将是一个跨世纪的全方位的重大课题。素质教育的一个重要标志是学习者为主体，教学过程将由以教师为中心向以学生为中心转变。学生能够利用现代教育技术所提供给学生的个别化学习的条件，按照自己的不同天赋和兴趣，有针对性地主动学习自己所需要的知识，并且能够根据自己的不同情况，通过在网络上查找资料、相互交流讨论，共同得到启发，进而开展创造性的学习活动，在全面发展的基础上，根据自己的兴趣爱好发展自己的特长。这样，现代教育技术就比以往的素质教育有了更大的提高，因此现代教育技术是 21 世纪素质教育的进一步深入发展。

我国现代教育技术是素质教育的数字化体现，并且这种素质教育是以创新为基础，培养学生的数字化生存的能力。现代教育技术不仅要培养学生的自主学习能力与创新能力，还要培养学生的信息获取和信息处理能力，以及计算机和网络技术的应用与开发能力。学生不仅要学会数字化生存，还要学会数字化学习和学会数字化协作，而这也正是数字化素质教育的3个主要的目标。

新世纪网络的飞速发展促进了现代教育技术的发展，人们在网上可以很方便地查找各种信息，利用丰富的教育资源，极大地促进素质教育目标的实现。

## 二、现代教育技术有利于创新教育的发展

创新是指能为人类社会的文明与进步创造出有价值的、前所未有的全新物质产品或精神产品。毫无疑问，创新是当今时代发展的鲜明特征。21世纪需要大批的具有创新精神的人才，这需要创新教育来培养。现代教育技术有利于培养学习者的创新精神和创新能力，它其实也是一种创新教育。

随着创新观念的不断深入，现代教育技术对素质教育的推动也越来越深入。究其原因，在于现代教育技术与传统教育相比有着无法比拟的优越性。学生学习知识的方式产生了重大变化，由以往的被动接收教师的灌输转为能动的自主式学习。因此，引导学生恰当运用Explorer浏览器、E-mail、BBS论坛、聊天室等这类认知工具能够更好地帮助他们完成认知操作而促进学生进行创造性思考，有利于对学生深入进行素质教育。

现代教育技术实现了学生学习的自主化、个性化，实现了学生获取信息的及时性和快捷性，也体现出计算机网络的流动性和选择性。现代教育技术给予了学生充分自由的主动选择能力。有自由就有选择，有选择才有创新。因此，现代教育技术为学生创新精神和创新能力的培养提供了良好的条件。

我们正处在信息社会和知识经济时代，新时代的发展需要大批具有创新精神和创新能力的人才，这样的人才需要靠创新教育来培养，而现代教育技术又是新形势下创新教育的体现。

## 三、现代教育技术对素质教育有积极的作用

现代教育技术必须以素质教育为根本。每一个学生都是具有一定与生俱来的潜能的，而这些潜能又是学生在将来能够进行多种发展的潜在可能性。现代教育技术在使学生的多种潜在的发展可能性转化为现实的发展确定性的过程中起着非常重要的作用。从本质

上说，现代教育技术的任务就是使学生能够得到全面发展，创造各种可能的条件为学生的全面发展和个性化发展提供各种教学和交流的环境，并且使得这种教学和交流变得更加方便自由。因此，现代教育技术不仅仅是知识的传授，而且还以提高学生的素质为根本，在现代教育技术中体现素质教育的理念。

现代教育技术提供给学生的是个性化的学习方式，使得学生学习的主观能动性得以充分的发挥，其对素质教育的积极作用体现在以下3个方面。

第一，现代教育技术能够最有效地扩展学生的知识面，丰富学生的知识结构，有利于学生的全面发展。网络的方便、快捷及现代教育技术资源的全面性、丰富性、综合性，满足了学生强烈的求知欲，对于拓宽学生的视野，丰富学生的知识层次，实现全面发展的教育目标，起着极为重要的积极推动作用。

第二，现代教育技术对于培养学生的创新精神和创新能力有着重要的作用。网络的运用，使学生的创新设想得以很方便地实现和拓展，并且可以通过网上交流得到远在异地的专家的指点，或者通过广泛的讨论，论证自己创新设想的可行性，这些都是传统教育所不能够或不容易做到的。

第三，现代教育技术教学手段的多样化，改变了以往传统教育的手段的单一，并使得教学模式和教学过程都得到了优化。由于现代社会知识更新节奏的加快，人们需要不断地更新自己的知识结构，因此现代教育技术给学生学习新知识带来了更大的方便性和快捷性。而且由于现代教育技术的教学模式不同于传统的教学模式，图文并茂，有声有色再也不是什么难事，许多原来枯燥的公式定理概念都能生动而有趣地表现出来，许多难以理解的抽象事物或过程都能生动地再现出来，学生对所学知识能够有着更为深刻的理解。

从以上的论述可以看出，现代教育技术的发展对素质教育产生了积极的作用，也必然会对创新教育的发展起到了积极的推动作用。

## 四、现代教育技术必然成为素质教育的主要模式

素质教育的基本目标就是使学生学会学习、学会研究、学会关心、学会负责，并逐步做到学会生存，形成适应社会需求的、易于再培养的人才。网络时代将为素质教育提供许多有利条件，素质教育正面临难得的发展机遇。

随着现代教育技术的发展，学生再也不必一定要坐在教室里学习知识，而是可以随时随地开展学习，时间空间的距离已经不是主要的障碍。传统的学校教育其意义已经发生了改变，教育的内涵和外延得到了扩大，也唯其如此，人人接受教育的梦想才得以真

正的实现。

应该说，现代教育技术把学生和社会的距离更加拉近了。学生通过网上学习可以接触到大量的信息，对社会的了解会更加真实全面。学生越了解社会的需要，学习的主观能动性就越能够增强。所以现代教育技术对于素质教育的发展提供了难得的发展机遇，我们必须要抓住这种机遇，积极推进素质教育。

现代教育技术是在新技术形势下对传统教育的发展，并且超越了传统教育的内涵，使得传统素质教育的理念有了新的突破，素质教育的目标在现代教育技术中得到了更好的实现，因此，现代教育技术必然会成为素质教育的主要模式。

## 五、英特尔未来教育推动了创新教育的发展

英特尔未来教育是一个大型的国际合作性教师培训项目，涉及20多个国家和地区，是英特尔教育创新行动的一部分，旨在推动科学技术在教育中的运用。但这个教师培训项目不单纯是计算机技术培训，更注重给教师树立一种新的教育观念、学会一种新的学习方法，使教师在教学中通过利用现代信息技术，多种教学策略和教学手段来进行研究性学习，并将计算机应用技术融入现有课程之中，以提高教师的教学效果和学生的学习效率。

具体来说，英特尔未来教育对素质教育的推动和创新精神的培养体现在以下两个方面。

首先，英特尔未来教育促进了教师和学生教育观念的更新，从而有利于培养学生的创新精神。在以英特尔未来教育为主要形式的现代教育技术中，教师要引导学生积极主动地思考，强调动手实践，充分发挥学习潜力，研究学问不能仅看表面，要善于追本溯源，找到事物内部的深层次联系。学生学习要善于把课内和课外结合起来，尤其要注重多学科的交叉综合。作为教师要为学生的创新精神和创新能力的培养多方面创造条件。

其次，英特尔未来教育促进了新的教学模式的产生，从而有利于推进素质教育的实施。学生创新能力的培养，有赖于教师组织学生利用丰富的现代教育技术资源，多渠道搜集信息资料，并且让学生之间相互讨论交流，培养合作精神，创造一个宽松和谐的学习气氛。

总之，英特尔未来教育作为现代教育技术的一种形式，使受培训的教师更新了教育观念，掌握了新的教学模式，为教师有目的有意识地指导学生的学习方法打下基础，也为教改中研究性课程的开设、培养学生研究性学习能力做了先期的师资培训，从而为素质教育目标的实现和学生创新精神和创新能力的培养起了积极的推动作用。

# 第六章　素质教育视角下物理教学思维创新实现路径研究

## 第一节　优化教学结构，创新教学方法

### 一、优化教学结构

教学系统中，一定的教学目标、任务、师生共同参与的教学活动等，形成一定的结构，即教学结构，所谓优化教学结构，就是说教学结构最优化，也就是教学最优化。当今的教学结构再也不能以传统的“五环节”来一统课堂了，而应根据教材的内容和学生的学习脉搏，研制出相应的教学结构方案，其基本要素包括：自学（课前或课内有教师指导的学生自己学习）；精讲（教师答疑、解疑、讲解重点和难点）；质疑（师生交替提出问题，创设学习情境）；探究（教师组织、点拨，学生创造性学习）；应用（学生运用知识去实践、解题、实验、创造）；总结（师生共同参与概括、归纳、深化、升华）。

实施中，由于教材内容不同，教学对象不同，这些要素的程序也随之不同，实现每一要素的具体运作也不同，采用的教学结构必然是千姿百态、千变万化。然而，万变不离应用创新思维，从实际出发，推进学生高速度、高效率地认识客观世界的活动，使他们生动活泼地进行创造性的学习。为此，需要完善上述教学进程的基本要素。

#### （一）“自学”有尺度

自学是体现学生主体性，提高能力的一个教学过程的基本要素。通常，无论是课前、课中、课后，自学都要有一个自学提纲，遵照《教学大纲》的要求，掌握教材知识尺度，使学生进入“最近发展区”。

自学提纲不仅反映教材知识掌握的尺度，还要有指导性，即指导学生，由此及彼，由表及里，掌握教材内容，总结规律，并引发出新的认识。这就是对学生的物理思维训练也应有一个尺度，那么自学提纲恰能成为学生积极思维的桥梁。

### （二）“精讲”有梯度

根据认知结构，教师需要有层次性的精讲，抓住重点“少而精”的剖析，扣住难点“对症下药”的点拨，帮助学生的思维朝着课题目标的方向前进。

分清主次。教材有着它的系统性和规律性，教师必须首先通览教材，整节、整章甚至整本书的通览，对那些有连贯的章节，还需翻阅初中或者前面已学内容，从中找出教材的重点内容。例如，力的分析中，牛顿运动定律，物体的平衡条件都是重点。还有，这些重点内容中，有的是某一节的重点，有的是全章的重点。教材中，每一节的重点围绕着章的重点而构成全章教材的系统。例如，“功和能”一章，功、功率、动能和重力势能的概念及其定量计算都是各节的重点，而功能关系、动能定理是全章的重点，是重点的重点。教材中，除了重点内容，还有那些为重点内容学习起桥梁和铺路石作用的一般知识，这一部分内容是次要的。对于教材中主要内容和次要内容，应区别对待，绝不平均使用力量。只有抓住了主要的重点内容，才能谈得上“精讲有梯度”。

突“重”攻“难”。教材的重点应旗帜鲜明地突出它。例如，动能和重力势能都要突出它的物理意义，并画龙点睛地指出：“动能看速度，势能看高度。”教材中那些学起来困难的部分，是掌握重点的绊脚石，是难点。有些重点本身就是难点。这需要想方设法，帮助学生攻克它。例如，在处理一般物体的平衡条件问题时，学生往往感到困难的是转轴的选择及力矩的计量。教学时，教师除了用图示，还可准备几个实验，用来配合讲解。其中有一个实验教具，是用木板钉起来的一个活动篮球架模型，可以演示风从篮板前后不同方向吹来，球架的平衡情况。精讲时，只需表演几个简单的实验动作就能说明问题，学生学起来就觉得浅显而易懂。教学中，要想成功地突“重”攻“难”，教师必须在深入调查学生知识结构状况的基础上，认真考虑每一教学步骤中用什么方法，举什么例子，要什么教具，在课前都要做到胸中有数。有些难点的教学，若无现成教具，教师还要开动脑筋克服困难，自己动手制作。

### （三）“质疑”有力度

“质疑”是双向互动的，学生“质疑”的质量反映学生的思维程度，这与教师质疑的力度息息相关。教师“质疑”应当恰到好处、发人深省。

## （四）“探究”有深度

例如，在曲线运动的教学中，提出如下问题：一个处于平衡状态的小球，当撤去其中竖直向上的分力，则小球将做如何运动？让学生带着问题探究，学生创造性思维的变通程度就决定着探究的深度，探究的结果来自不同层次的思维，概况如下：

小球向下做匀加速直线运动，表现为单向思维；

小球向下或向上做匀变速直线运动，表现为线性思维；

小球向左做类似平抛运动，表现为平面思维；

小球向各个方面做曲线运动，表现为立体思维。

如上的探究，运用创新思维，深度加大，教学结构也就自然优化。

## （五）“应用”有广度

在教学过程中只有教师讲，没有学生练，学生的主动性积极性调动不起来，不可能有好的教学效果。所谓“练”，就是知识应用，绝不仅仅指做几个习题，而是贯穿教学始终，讲中有练，练中有讲，有机结合。

例如，“受共点力作用的物体的平衡条件”是“物体的平衡条件”一节中 3 种平衡情况的一种。新课一开始，教师逐一搬出几个实验装置（见图 6–1）。引导学生应用前面已学的力的合成和分解等知识，并通过提问和讨论逐一分析各装置的受力情况，使全班学生投入“练”的过程。而后教师指出，前 3 种情况，物体 A 是静止的，后一种情况，物体 A 是处于匀速直线运动状态，概而言之，这都属于平衡状态。

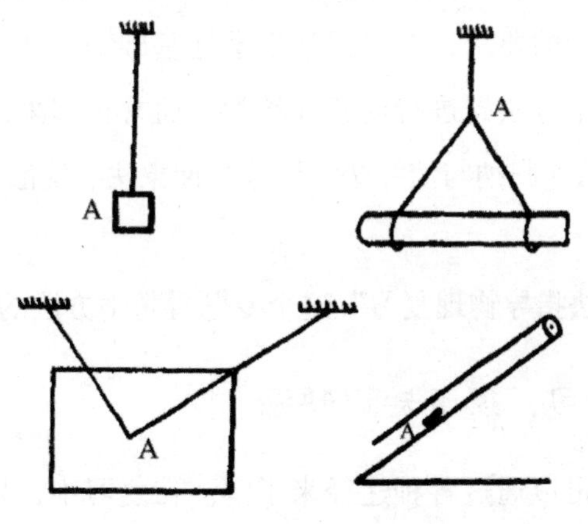


图 6—1 实验装置

接着提出，上述几种情况，物体 A 受的力有什么共同点？通过师生的共同讨论得出结论：几个力同时作用在物体的一点、或几个力虽然不直接作用在物体的一点，可是力的延长线相交一点，这两种情况，物体都叫受共点力作用。

此时，共点力的概念已经介绍，解决其平衡条件这一重点问题，时机已经成熟，于是教师通过共点力的平衡的演示装置，边演示、边讲解、边讨论，很快就得出结论。

书中3个例题，采取习题课的形式教学。有的题是教师先讲，学生后练。有的题是学生先练，教师针对发现的共同问题精讲。有的题是边讲边练。为了帮助学生分析题意，还按例题的要求，分别制作了3个实验装置，加强例题的直观性。

### （六）“总结”有高度

教材的知识结构，由“微观”的单元组成“宏观”的章节，有纵向沟通到其他章节，有横向联系到相关学科，这就意味当教学进入总结要素时，应该运用多角度、多层次的总结，然后由发散思维转向集中思维，建立模型，产生创新认识。

例如，“匀变速直线运动”一节，按匀变速运动的规律，可以导出十几个公式。教学中，教师抓住了关于匀加速直线运动的4个基本公式，把学生的精力引导到正确理解匀加速直线运动的概念、特征及规律上，结果学生运用合运动观点，很快弄懂并熟记了这4个公式。在此基础上，教师只需向学生点拨自由落体运动、匀减速直线运动等只不过是匀加速直线运动的几种特殊情况。于是，学生自己可以推出有关公式。无论是教师总结，还是学生自己总结，或者是师生讨论总结，掌握4个代表性公式，就理解了十几个公式。这种运用了创造性思维的总结才有高度。

## 二、创新教学方法

教学中，根据大纲的要求，在确保学生掌握基础知识和基本技能的前提下，综合、分拣相应的创新性思维方法，进行创新性教学，通常较多采用下列7种方法，即分析与综合法、比较与鉴别法、归纳与演绎法、形象与抽象法、发散与集中法、旁通与逆向法、想象与直觉法等。

这里从“用比较法指导物理复习”这个专题看教学方法的创新。

### （一）比较练习，摸清知识缺漏

学生的知识缺漏可以通过各种途径来了解。在复习中，将所要检查的概念编成比较性强的问题，让学生练习，从中摸清学生知识缺漏的情况是行之有效的。

例如，学习了“电场”一章后，我们选编了10道选择题，这里试举一例：

两个带有等电荷的相同的金属小球A和B，相互间引力为F，若它们间的距离远大于本身的直径。现用带有绝缘柄的原来不带电的相同金属小球C去和小球A触及一下，

再和球 B 接触，然后拿开。这时小球 A 和 B 之间的作用力改变为

（A）1/8F （B）1/4F （C）3/8F （D）1/2F

该题的正确答案为选项（A），不少学生错选成（B）或（C）。缺漏在哪里？前一错答暴露学生对法拉第圆筒实验中用绝缘柄金属球搬运电荷的过程不理解，误为绝缘柄金属球先后接触 A、B 分别都带走 1/2Q 的电量。后一种错答反映学生审题不严密，题中“相互间引力为 F”一句，已经含蓄交代了 A、B 球带异种电荷，用绝缘柄金属球 C 触及球 A 时，带走 1/2Q，再与球 B 相碰，先中和 B 上异种电荷 1/2Q，然后再平分剩下电荷的一半，结果 B 球上只带 1/4Q。可是错者无法领会，不知推理。

比较练习可以边讲边练，可以集中地练，也可零散地练，方式不拘，但必须练有检查，查有分析。这种比较练习好比中医“搭脉”，诊断病因，从而再“对症下药”。

### （二）比较归纳，建立鲜明概念

复习中，将规律性相近或貌似相同而物理过程根本不同的概念、公式，进行分析、比较、归纳，引导学生在比较中揭露它们的共性和特性，消除易混淆之点，澄清模糊概念。

### （三）比较训练，夯实基础

让学生在课外进行一些比较训练，能检查和巩固基础知识，同时对提高比较推理的思维能力和解题能力也很有益。问题是练什么样的比较训练题。我们想，这要靠教师从教材中挖掘，到题海中去提炼。精选、精编一些比较性强、富于思考性的习题，会收效较大。

## 第二节 强化学生实验实践，提高学生创造技法

“动口不会动手，动手不会创造”，这是传统教育带来的弊端。新世纪人才应当能“手脑生辉”，这就需要加强物理实验，并在实验中渗透创造技法的训练。

### 一、让学生多动手、会探索

“听一遍不如看一遍，看一遍不如做一遍”。这是中学物理实验教学的特点。因此，为了提高教学质量，尽可能让学生多动手操作实验，最大限度地提高他们的实验能力。

### （一）加强课内实验

观察力是智力的门户和源泉，课堂中的演示实验除了要求学生观察清楚现象，还要要求他们了解实验装置的构造和原理。有的演示实验可以师生合作，甚至允许学生动手操作演示实验，课前可以组织物理爱好者一同准备演示实验，让学生接触仪器。

为了让学生多动手，有的演示实验还可改为随堂实验，当教学程序进入演示实验阶段，让全体学生自己动手，操作仪器边听边实验。例如，“力的分析”教学中，用小木条、橡皮筋制成的三角形受力分析支架，人手一副，学生边操作边揣摩，收效远远超过教师演示。

课内实验中的分组实验，严格要求学生做到：明确目的，通晓原理，熟悉步骤，良好操作，分析数据，撰写报告，实验操作中教师抽查、督促指导。

### （二）开放实验室

由于课内受时空限制，所以需要开发课外实验。在课外实验活动形式中，开放实验室是最基本的一种，即教师利用实验室，向各层次的学生提供实验器材、场所，并进行指导。通常，向学生开放的层次主要有以下几种。

（1）学生亲自操作教师课内的演示实验。学生在课内未看清楚演示实验，或对实验现象有疑惑之处，或想自己亲自做一做等，必须开放实验室，才能满足这一层次学生的愿望。

（2）课内的随堂实验、学生实验需要延续。程度较差的学生课内盲目操作实验，难度较大的实验课内有的未能完成，这些都需要在课外向他们开放实验室。让他们在教师的指导下重做实验，正确熟练地使用基本仪器，弄清实验的基本原理方法。例如，“把电流表改装为电压表”的实验，部分学生在检验改装电压表的线路接线时，不是将变阻器接为可变电阻使用，就是将变阻器与两电压表并联使用。对电位器、变阻器和电阻箱较生疏，课外有必要让他们通过自己琢磨，教师辅导，从而纠正错误，掌握原理。学生反映这样做，印象深刻收效大。

（3）某些问题需要探索。程度好、兴趣大的学生想深化、探索课内实验，需要开放实验室，因材施教。

（4）提供一种复习的手段。较复杂的演示实验，如用气垫导轨演示的力学实验，将其陈列在实验室里，向学生提供继续观察或实验的条件，谓之单个实验展览。在单元复习或总复习时，我们将《教学大纲》规定的学生实验陈列在实验室，让学生复习巩固，谓之系列实验展览，这又是开放实验室的一个层次。

### （三）开展好课外小实验

“听课读书做题”这种惯用的获取知识的途径，不利于学生学好物理。与其相反，物理教学应当以实验为基础，课外作业除了做题，还应开展好小实验。

“小实验”是一种课外实验，器材简便易得，内容紧密结合教材，具有实践性、观察性和思考性。围绕高中物理教材，我们编排一些小实验，穿插在不同章节之后，让学生在课外通过观察、动手、动脑去获取知识和能力。

如高中物理（甲种本）第一册书后课外实验“测量尼龙丝的抗断拉力”，当学生完成这实验后再提出：“如何另找一种方法再测？”迫使学生去探索、设计。结果有的采取直吊（或拉）法，也有用一把直尺和1kg重物组成杠杆测量，还有用杆秤测量，思路活跃，设计新颖。

成立仪器维修、无线电、创造等课外活动小组，开展高层次课外实验。

### （四）提高实验的探索含量

懂创造必须先会探索。学习传统实验，不只是有助于对物理规律的理解、操练实验技能，而更重要的是应促使学生领会实验的设计思想，从而学会用实验验证规律、探索规律。例如，“显示微小形变装置”是高一课本的阅读材料，可提出，该实验是如何设计把微小形变“放大”？如何模拟？由此引来了学生陆续设计的新方案：桌面上水容器中水面反射光斑晃动显示桌面形变、指针偏转显示拉伸形变、细管液面升降显示瓶底形变等。

无论是演示实验还是学生实验中的验证性实验，都可以设计出一系列问题，让学生去探索。例如，利用凸透镜可以得到平行光，那么，提出想得到平行光还有哪些实验方法？让学生去探索，结果有的用凹镜、平面镜，有的用电筒的反光镜替代，有的用锅上的铝箔替代，有的用小玻璃瓶装水达到目的等。引导学生在探索中创造，大大提高探索的乐趣。

在学生分组实验时教师又提出，能否另辟蹊径，采用其他方法实验，这是提高探索性的另一个方面。例如，在“用伏安法测电阻”的实验中，提出能否在只有一只电压表和电阻箱或一只电流表和电阻箱的条件下测电阻，引导学生探索其他的实验方法。

还有编制思考性实验，如把黑盒子问题装成实验小黑箱，让学生通过外部观察和测试，探究箱内结构，把实验过程变成“模拟的科研过程”。

为了提高学生设计实验的探索能力，还可用实例介绍实验设计的思维方法，如垒积法、替换法、等效法、移植法等，让学生类比、借鉴。

## 二、让学生懂创造

学生在“多动手”的前提下，磨炼“会探索”，在“会探索”的基础上才能进入“懂创造”。

创造是一项最活泼的综合性课外活动，需用创造技法武装学生。创造技法是在创造性思维指导下的关于创造发明的一些原理、技巧和方法。至今，创造技法已有300多种。为了让学生懂创造，在中学物理实验中，介绍一些创造技法是有必要的。这里仅举几种。

### （一）智力激励法

智力激励法又称集思广益法，是世界上第一种创造技法。具体说来是通过一种特殊的会议，使参与会的人独立思考、相互启发，在短期内产生多种创造性设想的目的，最后通过讨论，得出最佳方案。

在实验教学中，采取班级或小组集体思考的方式，教师提出一个课题，让学生酝酿议题，各抒己见。短时间内，相互激励、相互弥补，引发创造性设想的连锁反应。最后由教师整理归纳，提出解决问题的最佳方案或满意方案。

### （二）缺点列举法

缺点列举法是通过发掘现有事物的缺陷，把事物的缺点一一列举出来，然后针对具体问题，提出改革方案，进行创造发明的一种方法。

### （三）综摄法

综摄法包含两条原则。

#### 1. 异质同化的原则

就是在创造发明不熟悉的东西时，借用现有的东西和熟悉的知识启发出新的设想。

例如，在学习牛顿第三定律之后，可以提出如下创造课题：应用统摄法研制一个反作用演示器。经学生设计创造，作品会相继诞生。

例如，由海绵体受力被压缩形变，制作两块立方体模型。每块一半是海绵体，另一半是铁块或密度较大的材料物块。实验时，将海绵体都朝上的两块叠放在桌上，下面一块受压力，由海绵体形变可知，上一块由于铁质面朝下，形变看不出，是不是下面对上面一块就没有反作用呢？于是再将上面一块翻过来，让海绵体一面朝下，此时，上下两块海绵体均发生形变，一目了然。

**2. 同质异化的原则**

就是对已有的东西运用新的知识或者从新的角度去观察、分析，引发出新的设想来。

同样可以由教师提出课题，用统摄法进行创造。但是，也要引导，逐渐让学生自选课题，从生活中找课题，创造的思路会更开阔。

## 第三节 开设创新课程，鼓励科技创新

课堂教学由于受时空限制，需要向课外延伸，于是产生“第二课堂”，这是中学教育另一基本组织形式。这块阵地也只有用创新教育来占领，它才能成为创新型人才活泼成长的天地。

### 一、中学开设“创造学课程”

创造学是一门研究人类创造活动规律的科学，是人们进行创造思维，开展发明创造活动的有力武器。“创造学课程”，以探究体验为主要形式的实践教学活动，具有实践性。同时，是以创造为目标的，融各学科知识为一体的综合课程，具有综合性。在起始年级（高一或初一）开设有着它的必要性和可行性。

#### （一）创造学课程的理论指导

21世纪是创造的世纪，创造的世纪需要创造型的人才，创造型的人才需要创新教育来培养。因此，“为创新而教”已成为世界教育改革的潮流。在创造学课程里，让青少年学习一些关于创造的初步知识，促进青少年创造力的培养和开发、创造心理品格的构筑及创造性思维训练，从而促进创造型人才的成长。

陶行知教育思想是具有中国特色的教育理论的基石，而陶行知教育思想的核心就是创造教育。陶行知在进行创造教育实践的基础上，创立了他的创造学说，概括来说，包括以下几个部分，即关于创造力的导向、关于创造的过程、关于创造思维、关于创造性环境、关于创造人格、关于创造的技法。所有这些，都是指导我们开设创造学课程的瑰宝。

#### （二）创造学课程的教学内容

**1. 创造理论**

创造学作为一门科学，有着它的基础理论。这些理论是来自各个学科和技术门类的

创造活动，从中揭示创造规律，科学地解释某一创造规律产生的原因和结果。

创造学从局部学科的创造规律间，提炼各种创造之中的共同规律，同时也形成创造的分支科学，作为基础内容给学生介绍粗浅理论。

2. 创造主体

创造活动最积极、最活泼的因素，是参与者本身，是决定创造的人。“人人是创造之人”，这是陶行知对创造的评论和估价。这并不等于人人都是成功的创造之人。有的人创造成果使人眼花缭乱，像爱迪生，他一生中平均每 15 天就将一项创造发明贡献给人类。

可是，有的人就没有什么创造力，一生唯书为上。因此，“创造之人”是有条件的。创造心理素质、创造者的个性品格都是构筑“创造主体”，并使其成为创造之人的条件。需要什么样的创造心理素质，具备什么样的创造个性品格，又如何通过创造教育培养出具有高创造力的创造主体，所有这些正是创造学课程所涉及的内容。

3. 创造技法

创造学对创造方法的深入研究，总结了几百种，统称创造技法。这些创造技法是一把打开创造大门的钥匙，拥有这些技法，既有助于科学的发现、技术的创新、产品的创优，又能促进管理的飞跃、文学艺术的创作及各个领域的创造，大大提高人们的创造力。因此，介绍几种常用的创造技法是创造学课程的任务。

4. 创造环境

创造活动的主体是人，人又生活在社会群体之中，与环境有着千丝万缕的联系。天时地利人和，优良的环境是促进创造发明的一个客观条件。那么，如何充分发挥人们的创造力？如何让闪烁智慧的火花能有燎原之势？创造学教学应介绍创造与创造环境的内在联系。

上述的 4 个方面，就是构成了创造学课程的教学内容。

### （三）创造学课程的教学方法

创造学课程的教学不能滥用传统的教学方法，而需要用创造性的教学方法。作者在实践中采用启发式综合教学法，这种教学方法与传统的教学方法的根本区别在于废止“注人”，采用“引发”。这种方法通常将讲授、观察、讨论、动手等教学活动，综合运用于启发学生生动活泼的学习。

1. 讲授

采用引导启发式讲授，如在发散性思维的教学中，教师提出：“吸过墨水的笔杆上沾满墨水，往往弄脏手指，如何避免？”

在教师的引发下，学生经过思维发散，方案如雪崩似的飞出，如在笔杆上涂蜡、在墨水瓶口装吸水海绵、用塑料瓶装墨水、倒置挤压墨水进笔……整个课堂沸腾起来，学生们从不同角度分析、思索、设计。然后，师生共同评价典型方案，欣赏发明者的智慧，互相激励思维。最后，教师再用全国获奖发明作品“气压墨水瓶”进行高层次发明原理讲解，一下子把发散思维教学推向高潮。

2. 观察

通过实验、图表、录像及参观等手段，引导学生观察。如到陶行知家乡“陶行知纪念馆”去观看展览，让学生通过照片、遗物及生平介绍，学习陶行知的创造教育思想。

又如，让学生去甲鱼研究所，让学生带着“采用什么样的创造方法提高甲鱼产量”的问题，引导学生观察、访问，并在此基础上写调查报告、观察报告、科技小论文。其中，小论文“鳖晒背的观测”获得省级三等奖。

3. 讨论

例如，在创造性思维的教学中，训练学生的横向思维，教师提出“铅笔有哪些用途”，让同学讨论回答。

讨论的问题也可由学生提出。爱因斯坦曾经说过，“提出一个问题往往比解决一个问题更重要”。教师通过实例，启发学生通过调查提出一个有价值的切合实际的创造问题，而后参加讨论。

初一学生仅就环境保护，能从新的角度提几十个问题，其中就环境治理提出许多设想，如洪水过滤坝、垃圾分拣厂、污水处理工程……

4. 动手

提供机会、创造条件，训练学生的动手能力。训练的步骤是由小制作到小发明、由自选题材到命题操作、由普及到提高。全国获奖作品，包括我校历届获奖作品，均为提高学生动手能力的典范。

## 二、如何组织好物理科技活动

物理科技活动指的是物理课堂教学以外实施的以物理科技为主要内容的教育活动，它是物理学科课程的辅助形式，是物理课程的延伸和拓宽。它也有别于活动课程，如创造学，它是在课外组织青少年学生去观察、测量、实验、思维、创新的一种物理教育活动，表现得活动弹性大、开放性强。

物理科技活动的形式灵活多样，传统形式有：组织物理学科爱好者协会、兴趣小组、开展夏令营、参观、访问、听科技报告、读科技书、智力比赛等。创新形式有：奥林匹克脑力运动会、科技游艺晚会、经验交流会、展览、爱科技月或科技周等。

物理科技活动的内容丰富多彩，传统项目有：航模、船模、无线电、电工、实验与制作等。创新项目有："三小"（小制作、小发明、小论文）活动、物理仪器研制等。物理科技活动内容，已经从物理单学科的课外活动转向以物理为主多学科渗透的课外的综合性活动。

青少年是祖国的未来，科学的希望。我们面前的中学生，正值青少年时代，努力开展好科技活动，让青少年在活动中逐渐树立起"科教兴国"的志向，提高创新能力，十分必要。

那么，如何组织好物理科技活动呢？关键在提高创新的含量，这就要提高活动的创新性。活动既重视基础知识的实践和应用，又加强物理新科技、新知识的了解，开阔新的视野；同时，活动既重视实验、制作动手能力的训练，又加强发明创新能力的培养。为此，应从以下两个方向落实。

### （一）坚持"五结合"的原则

#### 1. 坚持普及与提高相结合的原则

科技活动既要面向全体学生进行科普知识教育，又要注意因材施教，在普及的基础上提高。每个活动小组的活动内容和要求也是先低后高，循序渐进。高一阶段，在训练基本功的基础上进行小制作。高二阶段，有了小制作的基础，动手、动脑实验能力也有提高，有条件开始组织以小发明为主的活动。高三阶段，实践能力进入总结和提高阶段，"三小"活动转向撰写小论文。

#### 2. 坚持课外与课内相结合的原则

科技活动的特点是综合运用所学知识和实验技能，去解决生活或生产中的实际问题，课外的选题必须与课内紧密结合。科技活动内容因年级而异，必须强调与课内教学相结合。兴趣小组的活动也应主动与课堂教学结合，小发明活动更是灵活运用所学知识的好形式。

#### 3. 坚持理论与实践相结合的原则

理论与实践相结合的原则应贯穿在科技活动始终。一方面，鼓励学生用学过的理论知识去联系实际，解决实际问题；另一方面，又要引导学生在遇到实际问题时，如何运用理论指导。例如，制作自行车里程表，就需对转速关系了如指掌；航模发动机机体温升很高时，向发动机机体上喷洒乙醚，利用乙醚汽化时吸热之法降温等。

#### 4. 坚持知识学习与思想教育相结合的原则

科技活动是一种环境，学生在活动中不断磨炼攀登科学高峰的意志，将思想教育工作寓于科技活动之中。

**5. 坚持智力开发与当地经济建设相结合的原则**

为了增进青少年科技活动的活力，应将活动内容与当地经济建设联系起来，可以通过社会调查，从经济发展需要收集小发明选题，开展活动，然后通过小发明成果进行技术转让，申请专利，为经济发展做出贡献。

### （二）坚持“活动主题是创新”的目标

物理科技活动的形式要使青少年感到有趣、自由、新颖，能让青少年自我活动，自我操作。物理科技活动的内容要使青少年感到有索可探、有新可创，能让青少年自我探究、自我体验。

邓颖超曾给青少年作了题为《未来需要你们去创造》的讲话，她期望青少年，第一，树立创造的志向。第二，培养创造的才干。第三，开展创造性的活动。革命前辈的教导，指明了创造小组的方向。校创造小组是由各年级的兴趣爱好者自愿报名、选拔组成的一个科技活动集体，每一届为一组，活动以“创造”为核心，如听创造发明系列讲座，观看反映本校活动的《第二课堂》录像，举行小制作、小发明比赛，去盛开创造发明之花的工厂现场听课，参观陶行知纪念馆、听陶行知创造思想的报告，开创造发明经验交流会……当我们翻开校1990年度《第二课堂》简报，可见1990年度校小制作、小发明评比中，校创造小组13件作品获校级奖，为全校获奖最多的活动小组，其中6件获市级奖，2件获省级奖，这些闪烁创造之光的作品体现同学们的创造之果。

然而，在实体之果的面前，人们不太注意同学们创造思维能力的提高，创造技能的增强，严谨科学态度和顽强求知意志的树立，创造心理的陶冶，其实，这些构建创造力的无声的收获更使人欣慰。那么，创造小组是如何通过这些活动培养青少年创造力呢？

著名教育家苏霍姆林斯基曾经说过：“儿童的智慧在他的手指尖上。”若点燃青少年智慧之花，首先得要让他们动手，提高技能。创造小组中的一些来自农村的同学动手能力差，如郑××同学制作了一个轮船模型，构思不太科学，工艺较粗糙。辅导员从船体动力的设计到焊接技术，给以具体指导，训练动手技能，时隔不久，一艘新颖的船模出自他的手下。

创造小组的同学，制作了活动课程表、日期表、节能插座、安全蚊香盒、胶布方便撕、自行车防雨雨衣架、潜望镜，这些作品都闪烁着青少年的智慧火花。实践证明，青少年的智慧火花需要辅导员热情地去助燃，哪怕是不太成功的作品，都要像陶行知先生所说的那样，关心孩子们的“点滴创造”，只有不小看这些点滴创造，伟大创造才有可能出现。

在创造性活动中，辅导员对于青少年的智慧火花，不仅要去点燃、去助燃，还要进一步结合他们的作品谈创造思想、讲创造技法，举的是一件作品，拓宽、提高的却是创造性思维和创造技能，借此让他们构筑合理的智能结构。

创造小组是一个战斗的集体，三个面向是指南。辅导员关心他们的全面发展，帮助他们明确开发创造力的根本目的。在活动中还注意磨炼他们的顽强意志，陶冶健康的理想情操。“星星之火，可以燎原”，坚信齐心协力，创造之星火会在未来天地上燎原。

## 第四节 提升教师教育教学素质与创新能力

只有创新型的教师，才能培养和提高学生们的创新精神和实践能力，才能造就出新的一代创新型人才。因此，做一名创新型的教师是时代的需要。

教育部制定了《面向 21 世纪教育振兴行动计划》，体现为培养 21 世纪需要的具有创新能力的新师资是师范教育的发展目标，旨在当教师还在师范“摇篮”时期，就受到创新教育的熏陶，这是划时代的举措。然而，已经在职的教师，只能靠自学、进修、继续教育的形式补上这一课，尽快提高创新素质，争取早日成为一名创新型教师。

### 一、学习、发展陶行知创造教育思想

陶行知先生为了寻觅中国教育的曙光，他用科学的、求实的精神考察社会、试验探索，批判传统教育，提出了创造教育，成为世界创造教育史上最早的探索者之一。

陶行知创造教育是陶行知先生长期的教育实践和活动的结晶，是陶行知教育思想的精华。争做创造型教师，就应学习和发展陶行知创造教育思想。首先让我们了解陶行知创造教育模式。

#### （一）目的

“征服自然、改造社会，造福于全人类”，这是陶行知创造教育的根本目的。

“为个人创造，为国家民族创造，为全人类创造”，以达到“创造中华民族伟大的新生命”，这是陶行知为实现创造教育目的而对创造的呼唤。

#### （二）内容

创造教育的内容是创造的生活教育，“是以生活为中心的教育”，包括生活决定教

育和教育改造生活两个方面，“教学做合一”。具体而言，涉及德、智、体、美、劳和创造诸方面。

（1）德育方面。陶行知先生本人一贯主张“道德是做人的根本”，一直宣传创造发明家的良好道德，融德育与创造教育之中。“育才学校校规”“育才学校之礼节公约”等，都是他亲自拟定的一系列文明行为规范条例。

（2）智育方面。陶行知先生把文化课视为“文化钥匙”，并指出：“人们提出文化工具，并且其重要，绝不是将它置于一般教育之上，终日来学习语言、文字、数学、逻辑。而应当联系实践，学以致用，在用中学。”

开设课程除普通课外，还开设特修课，让“有特殊才能幼苗不致枯萎”，因材施教。所学内容不仅仅是书本上的，还包括人类全部社会生活实践的“真知识”。

强调教师的“教”的职责，反对“注入式”，提倡引导学生去“学”。要求学生“自己去学，不是坐而受教”，强调培养“自学能力”。

（3）体育方面。“健康第一”“体育为德智二育基本”。在制定生活教育的5个目标中，第一个目标就是“康健的体魄”，并主张以国术培养康健的体魄。

（4）美育方面。陶行知先生认为美育（包括绘画、音乐、戏剧、舞蹈、文学等）能提高人的审美意识和审美能力，以及人对美的创造能力。他在“育才”、创造艺术的环境，启发学生自己动手创造美的东西，参观国际友人自制的大灯罩。教导学生一切美的东西都是人创造的、号召共同美化环境，创立艺术馆。通过这些活动，创造了“真善美”之人格。

（5）劳技方面。陶行知先生指出，“文明是人类用头脑和双手造成的”、要根治“软手软脚病”。并且提出，“在劳力上劳心，是一切发明之母”。还在创造学校的实践中，“创造生产之园地”。

（6）创造方面。给学生一个美好的创造心灵，是“行知”创造教育的一项重要内容，陶行知先生追求学生的“求知欲”“发明欲”，强调“启发觉悟性、培养自动精神”。号召创造，“处处是创造之地，天天是创造之时，人人是创造之人”。以调动学生“金刚之创造信念和意志”，用“大无畏之斧”和“智慧之剑”去获取创造之果。陶行知先生具体给出的创造技法，“发明千千万、起点是一问”“慎思明辨”，“此试验之精神、近世一切发明所由来也”等。

### （三）方法

要解放学生的创造力，陶行知先生提出“六大解放”和“三个需要”。

1.“六大解放”

解放头脑，使他们能想。层层束缚儿童创造力的裹头布必须撕下来。

解放双手，使他们能干，双手要接受头脑的命令，手脑双挥。

解放眼睛，使他们能看，不戴上有色眼镜，使眼睛能看事实。

解放嘴，使他们能谈。儿童要有言论自由，特别要有问的自由，才能发挥他们的创造力。

解放空间，不要把儿童关在学校的笼中，要让他们能到大自然、大社会里去扩大认识的眼界，取得丰富的知识，以发挥其内有的创造力。

解放时间，不把儿童的功课表填满，不逼迫他赶考，不和家长联合起来在功课上夹攻，要给他们一些空闲时间消化学问，并且学一点他们自己渴望要学的学问，干一点他们高兴干的事情。决不能把儿童的全部时间占据，使儿童失去学习人生的机会，养成无意创造的倾向。创造的儿童教育，首先要为儿童争取时间的解放。

2.“三个需要”

总之，要把儿童的头脑、双手、眼、嘴、空间、时间都解放出来，接着陶行知先生提出，“我们就要对小孩子的创造力予以适当之培养”，如何从微观上培养创造力呢？陶行知先生提出需要从 3 个方面加以培养。

“需要充分的营养，小孩的体力和心理都需要适当的营养，有了适当的营养，才能产生高度的创造力，否则创造力就被削弱，甚至于夭折。”可见，身体素质和心理素质对创造力的开发是何等重要啊！学生所需的不仅有物质营养，更有精神营养。

“需要建立下层的良好习惯，否则必定要困于日常破碎，而不能够向上飞跃。”陶行知先生在育才学校三周年大会上，就向全校提出“每天四问”，即从身体、学问、工作、道德等 4 个方面问一问自己有没有进步，这也就是培养良好习惯的一个例子。

“需要因材施教”。在育才学校，从各地孤儿院中挑选学生，根据志愿和特长，编成音乐、戏剧、舞蹈、文学、绘画、社会和自然科学 7 个专业组，整个课程分普通课和特殊课两大类，普通课在班级进行，特殊课个别教学，使学生不仅“获得一般知识，获得一般做人的道理”，同时，“根据兴趣能力，培养特殊才能”，引导他们“将来成为专才”。

陶行知先生的“六大解放”和“三个需要”，不但面向儿童，而且为了“使中华民族的创造力可以突围而出”，多次对青年、小学教师和群众宣讲，当时不论是“晓庄”还是“育才”，同学们的创作活动十分活跃，这种创作活动实质上就是一种造美的教育活动。

### （四）目标

“要创造的是真善美的活人”，要培养“手脑双全”的创造者，这就是陶行知创造教育的目标。具体来说，将学生培养成创造者所应达到的基本素质如下。

思想品德素质——“追求真理学做真人”。

科学文化素质——提倡“活”读书、拥有创造的“真知创造思维素质”和“育才十字诀”等。

创造的心理素质——“知情意合一的教育”“自觉、自动的创造精神”。

创造技法素质——“开发文化宝库的钥匙交给学生”，坚实的生活力和创造力。

### （五）操作

“教育要有创造的精神”，要办“活的学校”（创造性的学校）。谁去办，谁去操作，谁去推行创造教育？陶行知先生很明确地指出，“要有好的学校，先要有好的教师”，要有创造型的校长……“校长是一个学校的灵魂”。

创造性的教师和校长，应当具有“和旧的传统教育奋斗”的批判精神、“敢探未明的新理”的创造精神、“敢入未开化的边疆”的探索精神、“衣带渐宽终不悔”的奉献精神、“爱满天下”和“相师而学”的民主精神、“千教万教教人求真，千学万学学做真人”的科学精神、“行是知之始，知是行之成”的“试验精神”、“重义”又“重利”的创业精神，等等。

## 二、提高创新教育教学能力

### （一）构建创新型教师的知识结构

创新型教师所具备的知识包括3个方面，即专业知识、相关知识和实践知识。

专业知识是指教师所具有的某一学科知识，即教师从教专业的学科的体系、理论知识。作为创新型教师应当成为该学科的教学专家，比较透彻地掌握本学科的知识，这是教师居高临下、深入浅出处理教材的基石。当然，教师的本学科的功底与学生成绩的提高并不存在必然关系。因此，教师本学科的知识水平定在某一尺度即可，并非越高越好。

相关知识是指教师所具有与本学科相关的其他学科知识，如自然科学和社会科学知识、教育科学知识和心理学知识等。作为创新型教师要有宽广的知识面，古今中外、天文地理、琴棋书画等都要涉及。作为创新型教师要博览群书，包括反映最新科技成果的新鲜资料。渊博的知识能使教学左右逢源、妙趣横生。

实践知识指的是教师如何把创新课题的设计变成现实，把纸上的规划变成教学实践所运用的知识。这类知识来自外来的经验和个人的教学实践，都是在教育理论指导下的实践得来的包含经验性的活知识，是隐性知识，需要在长期的教学经历中揣摩、提炼、总结。

概而言之，创新型教师的知识结构表现为“专”“博”“活”。

### （二）树立创新精神

教师的创新精神指的是教师自觉、能动地开展创新性活动、积极进行创新教育和教学活动的高级心理特征。根据以上界定，创新精神是实现创新目标的动力系统，树立这种精神，提高教师的自觉性和能动性是关键。

如何提高教师创新教育的自觉性？这就需要加强思想修养，从教育正、反两个方面的经验和教训得到启示。为了突出素质教育的重点——培养学生的创新精神和实践能力，教师应义不容辞地积极投入对教育思想、教育观念和教育模式的深刻变革。时代召唤，责无旁贷。

如何加强教师创新教育的能动性？这就需要提高创造心理品格，具备旺盛的求知欲，永不衰竭的理智好奇心，从而乐于创新教育。具有能动性的教师经常会自勉，“人是要有一点精神”，即使创新教育的道路上布满荆棘，也会能动地披荆斩棘，勇往直前。

### （三）磨炼创新能力

教师的创新能力是指能够成功地完成某种创新性教育教学活动所需的多种能力完善地结合，它是实现创新目标的控制系统。拥有创新能力，提高创新思维能力和教学调控应变能力是关键。

创新思维是以新颖独特的方法解决问题的理性认识过程，它的本质特征表现为流畅性、变通性、独创性和完美性。作为创新型教师不但要领会创新思维，而且能灵活运用创新思维处理教材、选择教法、指导学法、辅导活动。在教育教学的全过程中表现出敏捷的观察力、丰富的想象力、机灵的思维力、深刻的记忆力。

教学调控应变能力指的是在教学进程中出现新情况、新问题时，教师接收反馈信息后，打破思维定式，迅速反应，立即采取调控应变措施，使教学过程调节到最佳轨道上来的流畅、变通、独创和完善的程度。这种能力的获得，一方面得益于创新思维的运用，另一方面还需借助创新技法。因此，教师还需要训练自身的创新技法，表现为较高的动手操作的实践能力。

### （四）增强教科研能力

国力竞争看人才，人才竞争看教育，教育竞争看教师整体素质，而教师整体素质的提高靠教科研。

创新型教育需要教师由“传授型”转变为“专家型”，而教科研才是这种转变的唯一桥梁。

教师的丰富教育实践为教科研活动提供了广阔天地，教科研课题来自学科教育实践，有着鲜明的针对性。其程序是从实践中提出课题，建立教育模型，进行实验，然后分析实验结果，最后得出结论指导实践。

为了提高教科研能力，教师需要加强学习，在百忙中千万不要忘记挤出时间学习一些现代科学知识、教育理论和他人的创新教育教学先进经验，不断积累自己的知识储备，完善自身的知识结构。坚持不懈地增强教科研能力，这样迎来的不仅是“教科研兴教”，而且必然会达到“教科研兴师”的目的。

## 三、拥有辅导物理科技活动的能力

实践越来越使人们注意到，课外青少年科技活动是一条培养创造型人才的途径，然而当前中学物理教师并不都具有辅导青少年科技活动的能力，那么中学物理教师如何提高这种能力呢?

### （一）努力提高动手能力

物理学科的课外活动内容十分丰富，它有航模、无线电、电工、家用电器修理、教学仪器维修、小制作、小发明等。所有这些活动的实践性都很强，教师不可能靠指手画脚就可以完成辅导任务。

比如无线电活动，物理教师对其原理一般说来是较清楚的，可是焊接技术、故障寻找、手工工艺等，这些基本功各人掌握得如何那就难说了。事实告诉我们，没有这些技能，对学生的辅导就不可能有发言权。

当然，实践技能、动手能力的获得非一日之功，何况物理科技活动涉及面十分广，我们更不可能面面俱到，这就必须发挥教研组的集体力量，分项合作。每位物理教师，可根据自己的基础选择项目。一般至少选择一项、争取机会实践进修、手脑并用，由低级到高级，由单项到多项，动手能力就会不停步地得到提高。

## （二）积极增强辅导能力

教师的动手能力不等于辅导能力，以“三小”（小发明、小制作、小论文）活动为例。作者所教的一个班，爱好物理的同学比较多，在“三小”活动中，每个同学的选题不尽相同，那么如何根据学生的特点，帮助学生确定选题，进而指导学生在活动中达到目的呢？

实践证明，跟教学相结合是一条原则。例如，在学习“微小形变”后，我就指导学生观察微小形变，我还制作了一些显示微小形变的仪器，并让学生自行设计、制作同类仪器。学习电学时，辅导一些同学设计在生活中应用的电路，如制作回文针电动机、报讯门铃、电动小车、简易台灯等，甚至请电工师傅带学生安装家用电表。由于科技活动不是停留在口头发动上，而落实在具体辅导上，必然有一定效果。以一次校评选活动为例，作者所教的班 48 名学生，“三小”作品达 50 多件，其中五分之一作品获市级奖励。

辅导水平的另一项指标，是看如何提高学生的观察力和创造力。例如，在进行“光的干涉”教学时，笔者不仅让学生观察狭缝干涉和薄膜干涉图样，而且引导学生注意观察油膜与昆虫羽毛上所表现的干涉现象。在这样的启发、辅导下，学生的思维和观察能力得到提高，在他们的小论文中甚至论述自己在灯下快速翻书所发现的彩色图样。

## （三）必须拥有组织能力

课外物理科技活动，如何最大限度地激发学生对科学的兴趣，发展学生的爱好和特长呢？这就牵涉到教师的组织能力。这种组织能力是我们应具备的一种重要能力。

组织科技活动，困难是很多的。例如，重点中学学生，有升学的压力，对科技活动不重视，家长和教师，也都不同程度地存在一些顾虑。因而，我们有的教师就从历届毕业的学生中收集资料，用具体事例反映科技活动能促进学生成绩提高和推动创造力的发展，解除他们的顾虑。同时，应用科学家青少年时代的资料，培养学生的兴趣、求知欲、情感、意志等，充分调动学生参加科技活动的积极性。

当活动开展起来后，教师定期开展活动成果展览评比、交流等，使活动有实效地持续下去。

物理学科的课外科技活动涉及的知识面很宽，形式又多样，除了兴趣小组活动，还有较大范围的讲座、竞赛等。要想开展、辅导好活动，作为物理教师仅仅具有上述 3 种能力还远远不够，还需要不断提高运用现代化信息技术的能力、教学科学研究的能力等。

邓小平曾在全国科技工作会议上说，要创造一种环境，使各类人才脱颖而出。形势需要物理教师既能不断改革课堂教学，又能不断提高科技活动的质量，为我国现代化建设培养更多的有用人才。

# 参考文献

[1] 王立新，郑宽明等 . 大学生素质教育概论 [M]. 北京：科学出版社，2015.

[2] 王学军，马秀芹 . 大学生素质养成集萃 [M]. 北京：中国社会出版社，2014.

[3] 杨志斌 . 大学生信息素质教育 [M]. 西安：西安电子科技大学出版社，2016.

[4] 王海龙，刘丛 . 大学生素质教育研究与探索 [M]. 北京：中国文史出版社，2015.

[5] 王荣发 . 素质引领人生——大学生素质修养导论 [M]. 上海：华东理工大学出版社，2009.

[6] 徐涌金 . 大学生素质教育教程 [M]. 北京：中国标准出版社，2008.

[7] 吴小英 . 大学人文素质教育新论 [M]. 杭州：浙江大学出版社，2012.

[8] 孙孔懿 . 素质教育概论 [M]. 北京：人民教育出版社，2009.

[9] 王文礼 . 大学生综合素质教育 [M]. 北京：高等教育出版社，2010.

[10] 徐晓霞 . 大学生礼仪 [M]. 济南：山东人民出版社，2010.

[11] 宁佳英 . 大学生综合素质提升 [M]. 广州：华南理工大学出版社，2010.

[12] 马明华，涂争鸣 . 高校人文素质教育论 [M]. 广州：华南理工大学出版社，2010.

[13] 汤勇 . 素质教育突围 [M]. 成都：四川出版集团，2011.

[14] 石亚军 . 人文素质论 [M]. 北京：中国人民大学出版社，2008.

[15] 霍相录 . 素质教育指要 [M]. 北京：北京大学出版社，1999.

[16] 崔国富 . 大学生职业素质构成与综合培养研究 [M]. 北京：光明日报出版社，2010.

[17] 王克千，吴宗英 . 价值观与中华民族凝聚力 [M]. 上海：上海人民出版社，2001.

[18] 艾国，迟萌等 . 思想道德修养与法律基础 [M]. 北京：高等教育出版社，2008.

[19] 马峥涛，司卫乐 . 大学生就业与创业指导 [M]. 北京：中国水利水电出版社，2011.

[20] 骆郁廷，周叶中，佘双好 . 思想道德修养与法律基础 [M]. 武汉：武汉大学出版社，2006.

[21] 熊建生 . 思想政治教育内容的结构论 [M]. 北京：中国社会科学出版社，2012.

[22] 吴灿新 . 当代中国道德教育论纲 [M]. 北京 : 中国社会科学出版社，2009.

[23] 孙向前 . 社会主义道德学习读本 [M]. 重庆 : 西南大学出版社，2009.

[24] 徐惟诚 . 传统道德的现代价值 [M]. 郑州 : 河南人民出版社，2003.

[25] 甘阳，陈来，苏力 . 中国大学的人文教育 [M]. 北京 : 生活 · 读书 · 新知三联书店，2006.

[26] 苏士相，姜伟杰，叶洪涛 . 物理教学与科学素质教育衔接研究 [M]. 长春：吉林科学技术出版社，2018.

[27] 王友成，连序燕 . 素质教育视角下的物理教学思维创新 [M]. 长春：吉林出版集团股份有限公司，2018.

[28] 张修江，何帮玉 . 物理创新性教学与高效课堂 [M]. 长春：吉林人民出版社，2019.

[29] 谭孝君，王影，齐丽新等 . 物理教学模式与视角创新 [M]. 长春：吉林人民出版社，2017.

[30] 张宪魁 . 物理科学方法教育 [M]. 青岛：中国海洋大学出版社，2015.

[31] 张同洋 . 创新视角下的物理教学模式 [M]. 长春：吉林人民出版社，2017.

[32] 郑容森，宠寿全，陈其全等 . 物理教学改革与实践探索 [M]. 成都：西南交通大学出版社，2016.